建筑美术表现技法

主　编　李汉琳　高　楠

副主编　张　媛　顾素文　张媛媛

参　编　常　成　孙媛媛　于　伟

　　　　王　滢

北京理工大学出版社

BEIJING INSTITUTE OF TECHNOLOGY PRESS

内 容 提 要

本书从专业手绘角度系统地介绍了建筑美术表现技法。首先，本书介绍建筑美术思维表现和技法工具，分析手绘线条的运用，并系统地讲述了手绘中线条的表现形式和空间层次感表现；其次，介绍了景观环境植物、山石、水体的表现，以及建筑物和部分配景表现技巧；再次，介绍了建筑空间与环境的透视原理和构图表现方法，并对建筑空间与环境适老化设计方案实例进行分析；最后，介绍了马克笔表现技法步骤，以及彩色铅笔、水彩、水粉等手绘表现技法和优秀作品赏析。

本书可作为高等院校相关专业教材，也可作为相关从业人员的参考用书。

图书在版编目（CIP）数据

建筑美术表现技法 / 李汉琳，高楠主编. -- 北京：
北京理工大学出版社，2025.2.
ISBN 978-7-5763-5129-3

Ⅰ. TU204.11

中国国家版本馆CIP数据核字第20253KE595号

责任编辑：陈 玉 文案编辑：李 硕
责任校对：周瑞红 责任印制：李志强

出版发行 / 北京理工大学出版社有限责任公司
社 址 / 北京市丰台区四合庄路6号
邮 编 / 100070
电 话 / （010）68914026（教材售后服务热线）
（010）63726648（课件资源服务热线）
网 址 / http://www.bitpress.com.cn
版 印 次 / 2025年2月第1版第1次印刷
印 刷 / 河北鑫彩博图印刷有限公司
开 本 / 787 mm×1092 mm 1/16
印 张 / 11
字 数 / 258千字
定 价 / 95.00元

前言 Foreword

　　建筑美术表现是将个人设计思维准确地运用于手绘技法形式并进行转换的一种能力。手绘表现在方案设计过程中是非常重要的环节，也是设计者能否将方案准确、生动表达的前提条件。所谓建筑手绘表现技法，表面上看是用较快的速度来描绘建筑和环境空间，而它的实质含义更为丰富和宽泛。建筑手绘需要设计者通过分析对象的空间形象进行刻画，只有反复训练，才能加深对设计要素的感性理解和记忆，同时也将提高对物体的艺术感受能力。实践证明，手绘功底强，造型能力就不弱，做起设计来奇思迭出、得心应手。手绘表现技法的掌握需要长期训练，不是一朝一夕就能驾驭的。在绘画中要手脑合一、心到手到，这也是手绘表现的最佳境界。相对计算机制图的规范、标准和真实度而言，手绘技法表现传递着设计者的构思和灵感，每一幅手绘表现作品都凝聚着创作者各种专业语言，张扬着创作者对方案最初的灵感，有独特风格的建筑空间与环境手绘表现画也是一幅完美的艺术作品。

　　本书为天津市一流本科建设课程、天津市大中小学"党史专题课程思政"精品课、新华网全国高校课程思政示范课《专业美术》指定教材、天津城建大学校级规划教材项目（GH-JC-2023004）指定教材，希望能对大家在建筑美术表现技法上有所启发和裨益。

　　由于编者时间有限，书中难免有所疏漏，希望得到广大读者的谅解和指正。

　　　　　　　　　　　　　　　　　　　　　编　者

目录 Contents

第一章 概 述

第一节 建筑空间与环境手绘概述

设计者所创作出来的作品不是单纯的艺术品，而是属于商业美术范畴，要将实用性和美观性相结合。对于设计者来说，手绘表现是表达设计构思的一种手段，而绝非目的。手绘效果图表现是建筑设计、规划设计、景观园林设计和室内设计等相关专业的基础课程，课程中通过绘画语言来提高设计者的手绘与设计能力。设计者通过手绘，将自己的设计意图快速地表现出来。该能力是作为一名优秀设计师完成设计构思、深入研究和完善设计方案的基本功。

对于建筑空间与环境手绘表现的学习，首先要了解建筑与景观发展历程，并同时加强速写造型基本功的训练。在学习过程中，先有意识地对一些优秀手绘作品进行临摹，然后临摹实景照片，熟练之后就可以进行实地写生，学会分析主体建筑与景观结构、空间构成、造型特征，掌握建筑空间与环境手绘表现的基本要领和技法。在平时还要注意多借鉴优秀作品的精华，坚持不懈地练习，不断寻找适合自己的技法风格。请记住，千锤百炼是最为重要的。笔者记得在天津美术学院学习的时候，老教授用一句古语"一日练，一日功，一日不练十日空"来训诫我们，后来我的确深刻地体会到"练一天，有一天的功夫，如果一天不练十天的辛苦都浪费了"。一般来说，反复地临摹和练习是掌握手绘技法最行之有效的方法。临摹不是一味的抄袭，而是要学以致用，反复揣摩优秀作品的精华之处并加以针对性重复训练。下面将手绘学习的方法进行总结：

（1）由简单到复杂，由整体到局部，有计划、有步骤地临摹，不要用"描红"的方法，而是用原比例临摹的方法进行抄绘。在临摹过程中，一定要注重透视、造型的准确性和笔触的变化。在开始阶段，初学者不要临摹过于复杂的范图，这样欲速则不达，应该从简单的配景入手，如植物、小型构筑物、景观小品、人物场景、交通设施、室内家具、城市雕塑等，待技法熟练之后再逐步深入充实，最后加入主题，完成一幅建筑手绘表现作品。

（2）在临摹中不断摸索规律性的技法，找出其中难以掌握的地方，针对自己的薄弱环节进行有的放矢的临摹。当临摹到一定阶段后，可以进行画面组合临摹，将一两幅范图中的元素重新组合成一幅作品，这样既可以达到构图练习的目的，又可以进行画面配色练习。除此以外，还可以根据实景照片进行写实技法练习，从构图到色调搭配的训练，对实景的表现达到锻炼目的，而后就可以进入实地写生的阶段。我们可以采用重复进行范图临摹—照片实景写实—实地写生的方法逐步对手绘技法进行提升。

（3）当开始创作手绘作品时，需要找一幅内容形式近似的优秀范图，从整体到局部有意模仿，体会其构图方法、笔触技巧和细部处理方式。经过周而复始的训练，就能摸索出一套属于自己的手绘表现技法风格。

在日常学习中，我们可以在大自然中找到丰富多彩的景色，将它们用写生的方法记录下来，并创作出一幅栩栩如生的艺术作品，这确实需要具备比较系统的艺术理论和娴熟的绘画写生技巧。在本书中，笔者对一些高质量的建筑空间与环境手绘表现作品进行分析，以供学习者在临摹和写生时参考。如图1-1所示，这幅画为写生作品，采用一点透视构图，庄严肃穆，整体色调处理得很和谐，尤其天空用水彩渲染，冷暖渐变效果较好；有待提升之处是对地面材质的处理可增添一些倒影效果，植物的表现可更放松一些。

图1-1 《大会堂建筑》手绘表现

第二节 建筑空间与环境手绘思维表现

一、建筑空间与环境手绘表现的任务

建筑空间与环境手绘表现是描绘大自然、是作者有感而发的一种绘画形式。通过相关的理论知识及优秀的建筑空间与环境表现画作品，可以增强自身对美的认识，对提高审美能力具有重要意义。一幅成功的表现画作品，首先要仔细观察和取景构图；再通过提炼取舍，运用适合的表现技法对画面进行艺术创作。如图1-2所示，这幅作品表现的是天津小白楼音乐厅商圈建筑群场景，采用俯视构图，场景宏伟壮观，近景建筑组群刻画清晰，细节表现较为生动，远景虚化景深感强。

建筑空间与环境手绘表现对培养学生的审美能力、取舍整合能力、比较分析能力、色调控制能力、情感表达能力等都有着十分重要的意义。要想画好一幅作品，首先要学会观察、取景、取舍、构图等，再通过实践，运用特殊语言和技巧加以艺术表现（图1-3）。

图1-2 《鸟瞰城市》综合技法表现画

图1-3 《摩天轮》综合技法表现画

二、建筑空间与环境手绘表现的要点

练习手绘技法时，需要仔细观察环境、认真分析构图、研究表现技法形式，这样在绘画过程中才能提高观察和表现能力，更充分地对绘画艺术作品进行理解和认识，体会其内涵和奥秘。在绘画的训练过程中，要坚持对艺术理论的理解，了解多种表现技法形式，掌握画面多种艺术处理手法，技法练习形式可采取临摹与实地写生结合的方法，对主体建筑物和各种配景进行表现。

三、建筑空间与环境手绘表现的思维模式

建筑空间与环境手绘的实地写生练习采用的是表现技法的顺向思维模式。绘画者根据建筑和周围环境特点等相关因素进行合理分析，通过实地写生深入了解建筑构造原理，认识空间构成规律，掌握建筑与环境之间的空间关系，以及对所描绘的主体建筑物特点进行分析，再完成一幅完整的艺术作品，形成顺向思维的过程。

然而，建筑空间与环境手绘表现是采用一种逆向思维模式，是设计师根据地域环境、建筑功能特点等因素的分析，通过设计构思来创造构筑物的过程。建筑空间与环境手绘表现的最终目标是通过创造性表现模式将顺向思维的学习模式转换为逆向思维，再通过逆向思维创造出服务于人类生活、满足人们社会活动需要的建筑空间与景观设计作品。

　　图1-4、图1-5所示为建筑空间与环境手绘的顺向思维模式——建筑景观→写生（写实照片）。写实照片是表现技法练习的重要环节，根据照片中的场景要素进行构图和色彩搭配，这幅作品采用两点透视，构图比较合理，马克笔笔触比较熟练，排线有退晕效果，不足之处是天空背景颜色和建筑整体色彩缺乏变化。

图1-4　天津劝业场实景照片　　　　　　　　　　图1-5　天津劝业场手绘表现

　　在欣赏建筑空间与环境手绘作品时，不仅要注重其表现方式中所深刻蕴藏的内涵，而且要注意到其借助形式所要表达社会层面的积淀之美，如作画者对于线条梳理并组合的创作之美，在相对简化的表现形式中去理解作画者在不同地域环境下对于美好生活的感悟。这是一个由抽象到具象，再由具象到抽象的思维逻辑过程。图1-6、图1-7所示为建筑空间与环境手绘的逆向思维模式——创意→建筑景观。

图1-6　悉尼歌剧院平面构思分析图

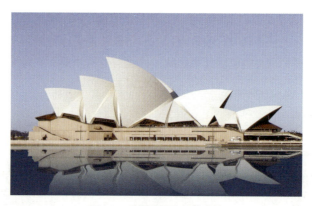

图1-7　悉尼歌剧院实体建筑

第三节　建筑空间与环境手绘技法工具

　　"工欲善其事，必先利其器。"在绘制一幅建筑画之前，首先要准备适合的工具。建筑空间与环境手绘技法表现对于绘画工具的范围没有过多限制，各种类型的笔纸都可以满足作画的基本需求，但每个人可以根据自身的绘画特点、使用工具习惯，掌握不同类型笔、纸的特性，通过不断练习，逐渐形成个人的表现技法风格。下面对一些常见的笔、纸及其特性进行介绍。

一、手绘表现用笔的种类

　　手绘表现用笔的种类很多，主要包括铅笔、炭笔、木炭条、钢笔、针管笔、马克笔、彩色铅笔、圆珠笔、毛笔和勾线笔等，其各有各的性能特点且画图效果也不同，可根据特定的需求进行选择（图1-8）。

图1-8　绘画用笔

1. 钢笔

钢笔作为速写工具而被普遍采用。钢笔速写的表现技法一般以线条为主，线条的深浅粗细可由用笔力度控制，绘图时不要随意擦拭涂改，下笔需果断利索。钢笔的表现力较强，不仅可以勾勒出简洁、硬朗的单线，还可通过线的组合而构成单一色调，线条疏密也可表现色调层次和变化。钢笔与不同类型的纸张结合使用，可给钢笔速写带来变化丰富的画面表现力。钢笔画通过点、线和不同组合来表现画面的明暗块面，组合画面的整体层次感。利用钢笔的特点可以表现物象简单的绘画形式，通过单色线条变化组成的黑、白、灰色调也可表现出画面的层次感。但钢笔会出现上色退墨现象，不建议在考研等快题中使用。总体来说，钢笔速写就是用线来塑造大自然。

钢笔画的特点是下笔果断肯定、线条流畅，色调对比强烈，画面效果细密紧凑，对所表现的事物既能做深入刻画，也能整体把握画面效果，有着较强的塑造能力，是艺术设计表现的重要方法之一。如图1-9～图1-11所示，这三幅钢笔画构图很有视觉冲击力，明暗关系、结构刻画都比较到位，钢笔线条表现细腻，场景气氛表达较好，空间中材质肌理刻画较为真实，画面中应再注意远近的虚实关系，远处的线条对比可以略弱些。

图1-9　《鸟瞰东方明珠》钢笔表现画

图1-10 《城市街巷》钢笔表现画

图1-11　《南方古巷》钢笔表现画

　　按照钢笔笔尖表现类型划分，钢笔可分为明尖型、半明尖型和暗尖型三种。

　　（1）明尖型：明尖型钢笔的笔尖大部或全部外露，有传统的瓦片形，也有新颖的抱脚形、镶嵌形和圆锥体形（又称大包头形）（图1-12）。

　　（2）半明尖型：半明尖型钢笔的笔尖一部分外露于尖套或笔项，有弧形、平板形和三角形之分（图1-13）。

　　（3）暗尖型：暗尖型钢笔的笔尖几乎全部被尖套所包覆，仅少量书写端外露。暗尖型钢笔笔尖呈圆筒状，也称为圆筒形笔尖（图1-14）。图1-15～图1-17分别为明尖型、半明尖型和暗尖型的钢笔画表现作品。

图1-12　明尖型钢笔　　　　　　　　图1-13　半明尖型钢笔　　　　　　　　图1-14　暗尖型钢笔

图1-15　《城市祈年》明尖型钢笔画表现

图1-16 《中国塔楼》半明尖型钢笔画表现

图1-17 《商业街里的年味儿》暗尖型钢笔画表现

2. 针管笔

针管笔是绘制图纸的常见工具之一，能将线条绘制出均匀一致的效果。传统针管笔的笔身与钢笔基本一样，笔头是长约2 cm中空钢制圆环，内部安放一条伸缩细钢针，上下晃动针管笔，能及时清除堵在笔头的纸纤维，购买时都要重点检查一下笔头的钢针。现如今应用起来比较方便的是一次性针管笔（图1-18）。

绘画时要注意以下几点：

（1）用针管笔绘制线条时，要保证画出粗细均匀一致的线条，针管笔笔身应尽量与纸面保持垂直状态。

（2）用针管笔作画应按照先上后下、先左后右、先曲后直、先细后粗的原则，运笔力度和速度应尽量保持均匀、平稳。

（3）针管笔不仅可以画出直线段，而且可借助尺规连接起来作圆周线或圆弧线。

（4）平时要正确使用和保养针管笔，以保证针管笔有良好的工作状态及较长的使用寿命。在不使用时应随时套上笔帽，以免针尖墨水干结，并应定时清洗针管笔，以保持用笔流畅。

如图1-19、图1-20所示，运用针管笔绘制的建筑场景作品，构图整体效果好，画面线条错落有致，明暗关系处理较好，细节处理较为细致。

图1-18　一次性针管笔

图1-19　《留园小景》针管笔表现画　　　　图1-20　《沧浪亭小景》针管笔表现画

3. 铅笔

铅笔是绘图的最常用工具之一。铅笔的特点是便于掌握、容易修改、可塑造性强，容易控制线条的轻重、粗细，以及丰富的色调层次。铅笔侧用，可画粗线，抓大效果；用其棱角可画细线，丰富细节；还可用手指或纸笔辅助揉擦，产生微妙的色调。初学者可以先用铅笔起稿，再用钢笔等其他工具完成画面（图1-21）。如图1-22、图1-23所示，这两幅铅笔画细节处理得很细腻，明暗关系表现得层次鲜明；不足之处是近、中、远景都很实，空间感没有拉开。

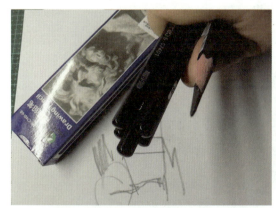 

图1-21　绘图铅笔

图1-22　《凤凰古城》素描铅笔画表现

图1-23 《沱江风景》铅笔线描表现画

4. 炭笔和木炭条

（1）炭笔：通过用笔的轻重快慢与俯仰正侧，并以手指、纸笔、橡皮擦或揉，可以创造出无可计数的层次乃至色彩感，或焦黑、或湿淡、或银灰，效果妙不可言，大幅速写则更加适宜［图1-24（a）］。

（2）木炭条：木炭条质地松脆，附着力差，用布一掸就掉，画时没有顾虑，易于掌握，更适用于大幅粗放的速写，放笔直干，效果立出，画后需使用定画液固定［图1-24（b）］。

（a） （b）

图1-24 炭笔与木炭条
（a）炭笔；（b）木炭条

5. 马克笔

马克笔一词源于英文Marker，又名麦克笔或记号笔，是一种书写或绘画专用的绘图彩色笔，本身含有墨水，且通常附有笔盖，笔头坚硬。每一支马克笔代表一种颜色，色彩预知性强，可用于快速设计表现。目前，马克笔的墨水分为酒精性、油性和水性。其中，水性的墨水类似彩色笔，不含油精成分；油性的墨水含有焦油成分不容易挥发（图1-25、图1-26）。如图1-27所示，马克笔退晕效果是运用其笔触粗细变化和颜色由浅到深地叠加所形成。

图1-25　马克笔工具1

图1-26　马克笔工具2

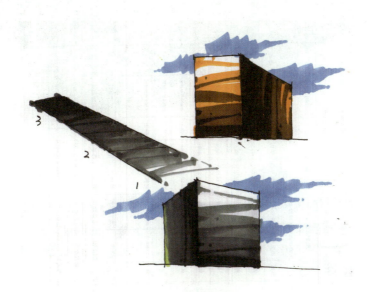

图1-27　马克笔笔触退晕
1——一层平铺；2——二层叠加；3——三层叠加

（1）酒精性马克笔可在任何光滑表面书写，特点是速干、防水、环保，可用于绘图、书写、记号、POP广告等。目前在表现技法练习中应用率最高的就是酒精性马克笔，其主要的成分是染料、变性酒精、树脂，墨水挥发性较强。如图1-28所示，这幅作品采用三角形构图，画面稳定性较好，也展现了马克笔技法的整体感强、快速和色彩亮丽的特点，墨线线条顿挫有序，马克笔用笔流畅自然，笔触潇洒自如，色彩搭配和谐，明暗立体关系的塑造较好。

（2）油性马克笔的特点是快干、耐水，而且耐光性相当好，颜色多次叠加不会伤纸，覆盖力强。

（3）水性马克笔的特点是颜色亮丽有透明感，但多次叠加颜色后会变灰，而且容易损伤纸面。

图1-28 《鸟巢》马克笔表现画

6. 彩色铅笔

一般彩色铅笔画出来的效果及性能都类似铅笔。彩色铅笔的颜色多种多样，画出来的效果较淡，清新简单，具有透明度和色彩度，在各类型纸张上使用时都能均匀着色、流畅描绘。彩色铅笔分为两种：一种是不溶性彩色铅笔（一般彩色铅笔），如图1-29所示；另一种是水溶性彩色铅笔（可溶于水），如图1-30所示。

水溶性彩色铅笔又称水彩色铅笔，它的笔芯能够溶解于水，碰上水后就会像水彩一样，色彩晕染开来，可以实现水彩般透明的效果。水溶性彩色铅笔的颜色非常鲜艳亮丽，而且色彩很柔和。水溶性彩色铅笔叠加过程要注意，待第一遍颜色干透之后再上第二遍颜色，这样可以使颜色更加饱和。

如图1-31、图1-32所示，两幅作品主要运用彩色铅笔表现，其中，建筑晕染效果为水溶性彩色铅笔表现技法，将建筑物的光感效果处理得较为自然。

图1-29 不溶性彩色铅笔

图1-30 水溶性彩色铅笔   图1-31 彩色铅笔表现画

图1-32 《李子坝轻轨站》彩色铅笔表现画

7. 综合笔类

还有一些笔类如水彩勾线笔、水粉笔、圆珠笔等。

（1）水粉：水粉表现上既有油画的厚重，又有水彩的流畅，画面效果清爽明快，适合多种空间的表现，塑造形体具有分量感，可以达到逼真的物象感受。如图1-33所示，这幅画运用了马克笔、水粉等技法营造画面强光的效果，空间和人物都是以暖光为中心进行塑造，画面的凝聚力很强，人物刻画较好。

图1-33 《炼钢》综合技法表现画

（2）水彩：水彩的颜色鲜艳度不如彩色墨水，但着色较深，即使长期保存也不易变色。例如，在画风景画时，水彩可以抓住下雨、下雪、薄雾和强烈的光影效果，而其他的画种就很难做到。除风景画外，水彩还可以用来表现多种多样的主体，包括海景、静物、人物、动物、花朵，同时给予作画者发挥个性风格和表达方式的多种余地。在作画时，为防止起皱可以先裱纸，然后在纸上先薄薄地涂一层清水。上色时，让纸稍微倾斜一点比较容易涂均匀。若不想留下笔触，则可以利用沾湿的海绵将颜色涂均匀。

固体水彩颜料（图1-34）保存和携带较为方便，且饱和度较高，受到写生爱好者的青睐。如图1-35～图1-37所示，这三幅建筑场景写生作品运用了固体水彩和马克笔综合技法，整体色调和线条表现具有欧式特色，建筑局部采用海绵揉搓技法，将建筑的陈旧感处理得很逼真，画面虚实关系、明暗关系把握得较好，水面与天空关系处理较为统一，色彩整体效果处理较好。

图1-34 固体水彩颜料

图1-35 《欧式建筑》综合技法表现画

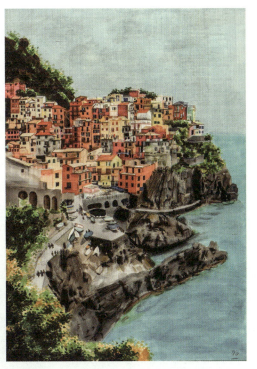

图1-36 《欧洲小镇》综合技法表现画

图1-37 《水上小镇》综合技法表现画

（3）圆珠笔：圆珠笔的使用方法与钢笔接近，工具简单，使用方便，它的特点是以线为主，线条基本没有深浅的变化。其线比较肯定，但不易涂改，笔头较滑，要求作画者下笔果断。

二、手绘表现用纸的种类

建筑空间与环境手绘表现技法使用的纸张种类甚多，作画者根据自己的预期效果，可以选择适合其效果的纸张，但未必一定要用很昂贵的纸，重要的是笔与纸接触所产生的效果，有时质量不高的纸，反而有特别的效果呈现出来。

（1）绘图纸：供绘制工程图、机械图、地形图等用的纸。其质地紧密而强韧，纸面光滑，具有优良的耐擦性、耐磨性，适用于铅笔、炭笔、钢笔速写，效果均好。常用规格：A2尺寸纸（420 mm×594 mm）、A3尺寸纸（420 mm×297 mm）、A4尺寸纸（210 mm×297 mm）。

（2）素描纸、水粉纸和水彩纸：供水彩画、水粉画、铅笔画和木炭画等的绘图用纸。其纸质洁白厚实，纸面具有不规则的纹痕；耐摩擦，有较好的耐水性能，遇水不致有扩散现象。

（3）白报纸：偏黄纸薄，时间长后会发黄变脆，适用于炭笔。

（4）毛边纸：纸松色黄，纸面稍涩，用毛笔、炭笔效果均好。

（5）卡纸：质硬，正反面好区分。正面白而光滑，反面灰而涩，白面画钢笔、圆珠笔速写最佳，灰面画铅笔、钢笔、马克笔均可。卡纸每平方米质量为150 g以上，是介于纸和纸板之间的一类厚纸的总称。卡纸用于明信片、卡片、画册衬纸等。卡纸纸面较细致平滑，坚挺耐磨。如图1-38所示，此作品为白卡纸所作，马克笔在白卡纸上的笔触更为硬朗，色彩也更为饱和，画面前后虚实关系处理较好，前景场景细节刻画到位。

（6）复印纸：又称书写纸，质脆，易洇，正反面一致，适用于铅笔、炭笔。

（7）硫酸纸（草图纸）：又称制版硫酸转印纸，具有纸质纯净、强度高、半透明、不变形、耐晒、耐高温、抗老化等特点，广泛用于手工描绘、喷墨式CAD绘图仪、工

图1-38 《古街里的年味儿》卡纸表现画

程静电复印、激光打印、美术印刷、档案记录等（图1-39）。草图纸作为专业的设计用纸，其优势在于透明性高，可反复描图涂改，携带方便。

图1-39 硫酸纸

如图1-40～图1-43所示，这四幅画为草图纸作品，工具为铅笔和软炭笔。图1-44所示为快题应试作品，在规定时间内需要设计出建筑的平面、立面、剖面、总平面、轴测图等，在草图纸上绘制的优势在于可利用其透明性反复描图深入设计。

图1-40 软炭笔草图纸作品

图1-41　《天津劝业场》铅笔草图纸作品

图1-42　《海河建筑》铅笔草图纸作品

图1-43　《街景》铅笔表现画

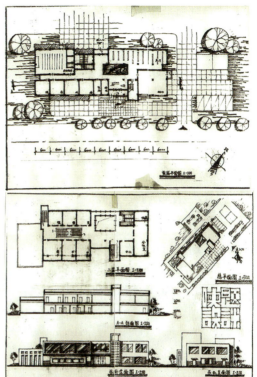

图1-44　草图纸快题设计表现

第四节　作品赏析

　　扫描二维码，观看图1-45，这是一幅用水彩和马克笔表现的武汉长江大桥题材作品，透视很准，造型严谨，色彩统一中有变化，远景和近景的虚实关系把握得也不错。

　　扫描二维码，观看图1-46，这是一幅用水彩和水粉表现的抗洪题材作品，场景氛围塑造得很好，光感较为统一，人物与场景的色彩搭配较为协调。

　　扫描二维码，观看图1-47，这是一幅用马克笔表现的建筑题材作品，画面的构图比例和景深感处理得较好，质感刻画较为真实，色彩搭配较为协调。

　　扫描二维码，观看图1-48～图1-51，这四幅作品表现的题材为城市景观，表现手法均以水彩和马克笔为主，画面构图合理，建筑物塑造较为严谨，场景氛围营造和谐统一，细节处理较为深入。

扫描二维码，观看图1-52，这幅作品运用钢笔淡彩和马克笔综合技法，将城市街景氛围营造得较好，建筑物、人物、车辆的比例关系和透视处理较为准确，整体画面效果非常统一。

扫描二维码，观看图1-53，这幅红色主题的作品主要采用水粉表现技法，场景氛围处理得较好，尤其近景与中景部分的木板和铁索的质感刻画得很好，远景的建筑色调可以处理得再虚一些。

扫描二维码，观看图1-54、图1-55，这两幅作品运用水彩和马克笔技法，将建筑物、天空与植物的整体效果表达得较为统一，建筑物细节刻画较为生动，周边配景的色调对比和谐自然。

图1-45～图1-55

 课后思考及作业

1.建筑空间与环境手绘表现需要顺向思维模式，平时多观察身边空间环境之"美"，将"美"随手用手机拍下来，积累美的素材，请思考在拍摄中如何取景构图。

2.将拍摄下来的场景素材绘制成建筑场景速写。

第二章　手绘线条的运用

第一节　手绘中线条的重要性

在手绘表现中，线条的表现力能够充分展现艺术工作者、专业设计人员的基本功。线条是手绘表现的灵魂，是构成画面元素的基本语言。线条在手绘中是基本元素，它不仅可以描绘物体的结构造型、比例透视、明暗关系、画面的层次感和物体的肌理、质感，还可以展现出不同的绘画风格，传达作画者设计的情感，因此，无论徒手或采用尺规作画，线条都是建筑空间与环境手绘的根本。

画好线条应注意以下问题。

1. 握笔和坐姿

（1）握笔姿势与写字姿势基本一致，注意握笔的距离不要过于靠前或靠后，这样便于观察画面的整体效果，增大手腕的挥笔半径（图2-1）。

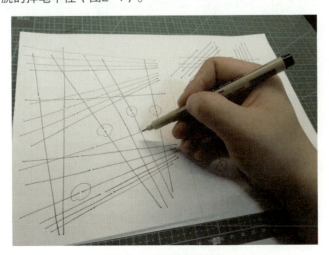

图2-1　徒手线条握笔姿势

（2）握笔的力度灵活掌握，总体要放松，起笔、落笔的力度略大些，行笔的力度要放松些。

（3）作画中，笔与纸的角度控制在45°左右。

（4）在绘制线条中注意起笔、行笔、落笔要借助手与纸面的摩擦力进行运笔，尽量不要悬腕画，悬腕难以控制线的方向，容易画出颤线。

2. 线条的基本特征

（1）起笔、落笔力度大，中间行笔力度轻。画线条与写毛笔字大致相同，画线条过程是起笔、行笔、落笔；而写毛笔字为顿笔、运笔、收笔，两者基本都是两头力度重些、中间轻些，掌握好这一点对画线条至关重要（图2-2）。

（2）小断大直。在画线条时，如果线条较长，中间可以断一下，而总体能保持在一个透视方向上即可（图2-3）。

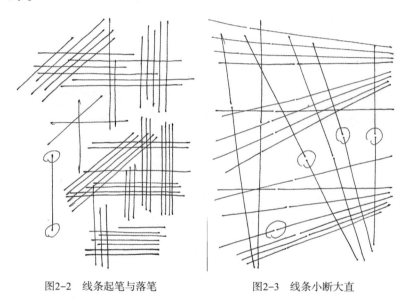

图2-2　线条起笔与落笔　　　　图2-3　线条小断大直

（3）强调交叉点。当不同方向线条的起笔或落笔交叉在某一点时，可略微出头，这样可以确保线与线连接点的位置，也更能体现出手绘的韵味（图2-4）。

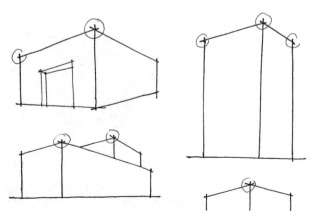

图2-4　线条交叉点

第二节　手绘中线条的表现形式

线条表现技法主要有以下两种形式。

1. 用单一的线条表现画面透视和虚实空间

如图2-5所示，这幅作品运用线的疏密关系将建筑物局部构建与光影效果表达得较为生动，这种小画可作为初学者练习的素材。如图2-6～图2-11所示，这六幅作品画面内容由简到繁、由易到难，可作为线条写实练习的素材。这几幅作品透视很准确，构图完整，用线顿挫有序，线条连贯自然。

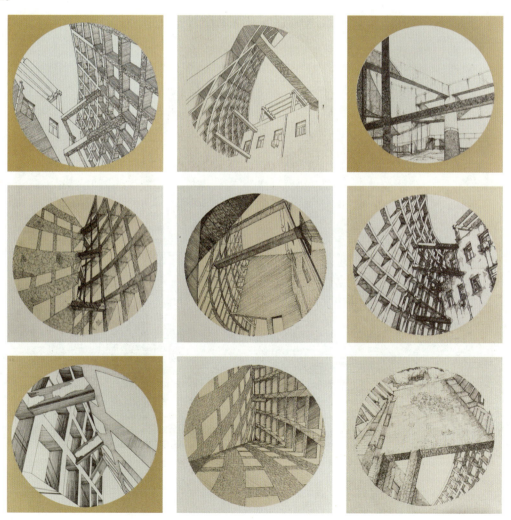

图2-5　《建之构》徒手线条表现画

图2-6 《哥特建筑》徒手线条表现画

图2-7 《瞰城市》徒手线条表现画

图2-8 《黄鹤楼》徒手线条表现画

图2-9 《海河建筑》徒手线条表现画

图2-10 《教堂》徒手线条表现画

图2-11 《民园体育场》徒手线条表现画

2. 运用线条的虚实组合来表现画面黑、白、灰的空间关系

如图2-12、图2-13所示，这两幅画运用线条的疏密关系，将画面的黑、白、灰对比处理得较为恰当。如图2-14所示，这幅画运用线条的写实处理，将城市景观营造得较为生动，线描的局部特写与结构处理得较为严谨，材质肌理表现得较好，运用线条的疏密关系将天空处理得较为统一。

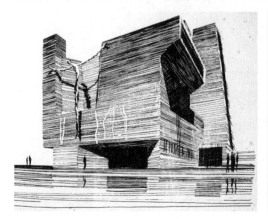

图2-12 建筑光影线条表现

图2-13 窗影线条表现

图2-14　《俯瞰城市一角》徒手线条表现画

第三节　手绘表现技法点、线、面的运用

　　点、线、面是设计的基本元素，也是手绘表现的关键要素。在作画中可灵活运用，如先用点在纸面中确定出画面的基本关系，然后用线描绘出物体的基本形态与空间关系，再迅速抓住整体的明暗关系，把握整个画面的明暗基调，最后选择画面中的主体部分，深入刻画。在此过程中，要灵活运用速写工具的各种特性，如针管笔和铅笔的勾线手法有所不同，同时可以利用点、线、面的组合，活跃画面效果。

図2-15　点绘光影

　　（1）点：点是作画的原点。在画面中，点与面和线是相辅相成的。点可大可小，造型可以是几何形，也可以是物体的某一元素。点可分为无方向性点和有方向性点。如图2-15～图2-17所示，这三幅作品运用写实性点绘手法表达出建筑物的古典韵味，尤其运用点绘的处理方法，将建筑物和配景的细节刻画得较为细腻，这也是点绘作品的特点。

图2-16　《中国古建》点绘表现画

图2-17 《纪念性建筑》点绘表现画

（2）线：一般来说，线是点的运动轨迹。线大致可分为规则和不规则的排列，灵活运用工具可赋予线条更强的表现力。例如，选用速写钢笔，画出的线条力度感强，用线均匀、挺拔；如选用扁头的美工笔，尖头的一端可以像尖头钢笔一样应用，转过来用扁头的一端则可以画出粗线条；如选用软头勾线笔，则可以表现出虚实、深浅变化较大的效果。如图2-18所示，这幅线描作品线条很细腻，造型严谨，构图的大仰角给人很强的视觉冲击力，虚实关系处理的也不错，光线对比可以处理得更强烈一些。

（3）面：面是线和点的集合。面的变化形式也是十分丰富的，有虚实、大小、方向、前后、通透与封闭、轻松与厚重等变化。

图2-18 《城市夜景》钢笔线描表现画

点、线、面结合的手绘作品需注意以下几个作画技巧：

（1）用密集的线条排列的表现技法，可以形成面的体量感，使画面有明暗深浅的变化，层次更加分明，变化更加丰富。

（2）用涂擦块面的表现技法，可以使画面更加生动而鲜明。

（3）用密集的线条和块面相结合的表现技法，能兼顾两者之长，把握画面节奏变化，使画面主次分明，如图2-19～图2-21所示。

（4）一幅手绘作品中灵活地应用点、线、面会获得不同的画面效果，也会极大提升作品的表现力。如图2-22所示，这幅用钢笔画表现的红色题材作品，战斗画面感很强，光感很统一，用线条刻画的战士表情很细腻，尤其用线塑造面的场景效果较好。

图2-19　建筑立面透视手绘表现

右侧的纪念碑和左侧的树影形成画框，重点突出中景的建筑。

图2-20　纪念碑广场手绘表现

图2-21　高层建筑手绘表现

图2-22 《战斗在古长城》线描表现画

第四节 建筑与环境空间层次感表现

建筑空间与环境手绘表现技法中的空间距离感、透视的景深感主要由画面的近景、中景和远景三个空间层次来体现。

（1）近景：主要起框景作用，将视线引导到主题。近景可以是建筑物、景观小品、人物、树木、花草、车辆等，或者是高大植物的影子。近景的物体往往是一个物体局部特写，一般是以局部放大的形式出现在画面中。近景可以是剪影似的一片深色，也可以是淡雅留白的外形轮廓。

（2）中景：在建筑画中，建筑物和景观构筑物往往就是主体，其占据画面相当多的面积，也是画面最需要表达的主体区域。因此，作画时要着重表现建筑物和景观构筑物，如明暗关系强烈、局部细节刻画深入，包括材质肌理及色彩都需要准确而生动地表达。如图2-23所示，这幅画构图采用框景，主要表现中景的大桥，桥的结构和形体塑造得很到位，近景车辆刻画得也不错；不足之处是天空处理得不太自然，可以先将天空作为背景去画。如图2-24所示，这幅画用水彩和马克笔表现的城市俯视景观，运用近、中、远景构图，中前景刻画较为细致，使画面的景深感较为突出。

图2-23　《美国往事》综合技法表现画

图2-24 《城市晚霞》综合技法表现画

　　（3）远景：通常用放松的外轮廓线或很浅的灰色调去表现。作画时须舍去许多细节描绘，侧重大面积地用浅灰色调达到景深效果。如图2-25、图2-26所示，这两幅以水粉、水彩表现技法为主的城市景观，主要表现城市建筑空间环境效果。其中，图2-25所示的前景桥的结构运用写实性画法，将细部结构处理得较好，整体色调统一，色彩对比较为自然，远景虚化处理，景深感强。

　　下面通过马克笔技法表现过程，讲述建筑与环境空间的层次关系。表现空间层次的第一步，就是要把线稿起好，在构图中要注意画面的完整性和透视的准确性，构图中要有完整的中景主体建筑和近景的局部框景，能看到建筑的细节，如材质、结构等，在勾线时运用笔头粗细和下笔力度，突出近景线条的实和远景线条的虚（图2-27）。第二步马克笔上色，从近景和中景入手，先将主体建筑的色调控制好，再将近景和远景部分的明暗关系对比、色彩饱和度刻画得实一些，注意色彩和明暗关系的统一性（图2-28）。第三步马克笔深入刻画，这一步是考验绘画者的细节观察能力，将场景中建筑主体材质肌理、光影效果等进行细节刻画（图2-29）。第四步马克笔收尾整理，从局部刻画再回到画面的整体效果，注意远景与天空的结合可以增强画面的景深感，近景的黑白对比关系可以处理得强一些（图2-30）。

图2-25　《城市祈年》综合技法表现画

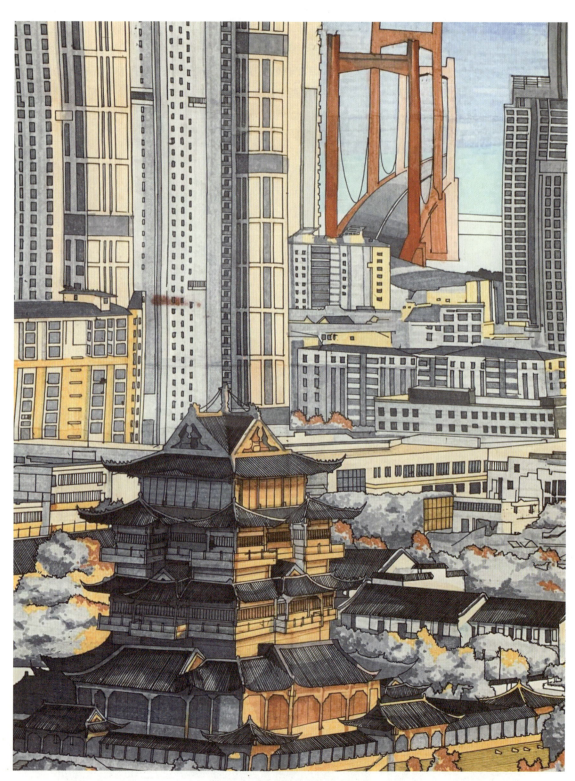

图2-26 《古韵》综合技法表现画

图2-27 第一步 线稿

图2-28 第二步 马克笔上色

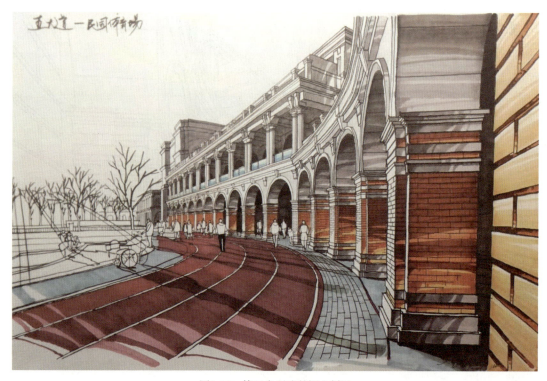

图2-29　第三步 马克笔深入刻画

图2-30　第四步 马克笔收尾整理

第五节 作品赏析

　　扫描二维码，观看图2-31～图2-35，这五幅作品为线描表现画，创作题材为城市景观系列，每幅作品的透视和构图比较准确，运用点、线、面元素将黑白关系和虚实关系处理得较好，线条的力度控制得恰到好处，细节处理到位。

　　扫描二维码，观看图2-36、图2-37，这两幅作品为墨线表现画，创作题材为红色建筑，作品构图突出建筑物庄重之感，画面黑、白、灰关系处理得较好，线条的力度控制得恰到好处，建筑物的墙面肌理感刻画较为生动，细节处理较为细腻。

　　扫描二维码，观看图2-38、图2-39，这两幅作品为钢笔表现画，创作题材为欧式建筑，作品构图突出建筑物古典韵味，画面黑、白、灰关系处理得较好，运用点、线、面元素将建筑物的墙面肌理感刻画得较为生动，用虚实关系将画面的景深感塑造得较好。

图2-31～图2-39

 课后思考及作业

　　1.徒手线条是建筑美术表现的基本功，对设计人员来说是方案构思、草图设计的看家本领，请思考徒手线条对于建筑美术的综合表现起到什么作用。

　　2.运用收集的场景素材，通过徒手线条创作建筑场景表现画，要具有一定的写实性。

第三章 景观环境植物、山石、水体的表现

建筑空间与环境设计以建筑和园林造景为主，其中不可或缺的是山石、水体景观、园路、园灯、园林建筑小品等元素的组合。因此，设计者要掌握各种要素的表现技法，这样才能丰富构思意图。

第一节 景观环境植物和花草的表现

树木是建筑与景观手绘中重要的配景内容。随着季节、气候、光线、时间的不同，以及与周围环境相映衬，包括运用树木的不同位置进行构图，树木自身的色彩更是丰富而美妙。

由于树木的形体不像一座建筑物那样具体明确，作画时对于不同树种，往往感到无从下手。画树的顺序：可由下往上先画树干，确定树的姿态；再根据树的外形画枝叶，使主干与树叶连成整体。小树枝在枝叶的底面暗处，受光少、明度低，主干周围树叶少，枝叶中往往透出空隙，露出天空的色彩，这样使树丛富有生机而不死板。画多棵树在一起的树群，要注意整体的形态关系，大小、曲直姿态要安排得体，且不要画得过于对称，或向一侧倾斜，更不能一根一根地表现树群，会显得很呆板，应使之互有联系、呼应、对比、衬托的整体效果。

树的种类较多，由于地域、气候条件的不同，大体上可分为南、北两大类别，如南方的棕树、凤凰木、重阳木、梧桐树，北方的松树、悬铃木、白桦、榆树、银杏，等等。无论树形如何变化，表现时都要把握好明暗关系，先抓住树木枝干的姿态，再刻画受光与背光部分，最后调整大关系。可利用波浪线弥补造型上的不足或局部的细节，使画面更加生动。树木在建筑景观表现图中主要起着烘托环境气氛、丰富构图的作用。树木的外形轮廓可基本概括为以下几种：几何体图形的组合、圆锥、圆柱、椭圆形等。在自然界中，树木往往是集中若干个几何形体组合搭配，使之更加自然和

灵活。树木作为配景，通常采用常见的植物品种，在树的造型上避免强调过多的趣味性，以免喧宾夺主。树木的画法及步骤如图3-1～图3-10所示，可由树的主干开始着笔，逐渐向上展开树的枝干，将树木枝叶分层分组，切记不要左右对称、上下体量一致。枝叶要大小组团错落有致，中间用树杈透气。灌木枝叶轮廓有连有断、有松有紧，黑、白、灰整体的体量感要强。画单体树木要将树干与枝叶的细部刻画到位，并配以山石及人物。

图3-1　树木的画法及步骤

图3-2　不同种类树干画法

图3-3　灌木与草地画法

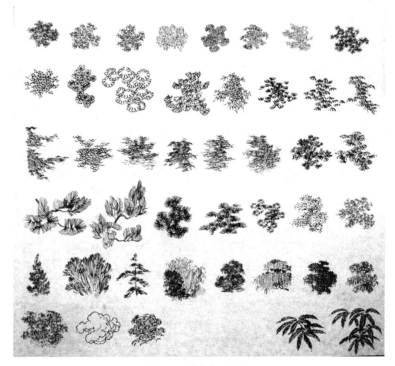

图3-4　灌木平面画法

图3-5　树木立面钢笔画法

图3-6　树木立面铅笔画法

图3-7　树木线描画法

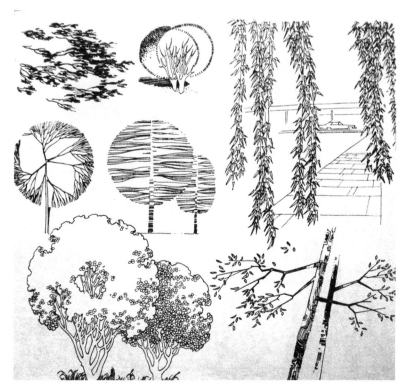

图3-8　概括性树木与角树画法

图3-9　南方树木画法

图3-10　树木写实画法

在画面中，植物不宜遮挡主体建筑，作为中景的树木，可在建筑物的两侧和后面。当其在主体建筑物的前面时，不应遮挡建筑物的关键结构和造型部分，以免影响主体建筑的完整性。可根据画面构图要求，调整植物的原有位置。远景的植物往往起到增加画面景深感的作用；近景的植物主要是为了构图所需和增加空间感，一般将其放在画面的左上角或右上角，只画树干或树叶，起到画框的作用。

视频：树木、山石、水面的马克笔表现步骤

如图3-11所示，树木结合山石和水面的表现，注意树木的形态要简洁，树干底部要与山石结合，树木与水面的色彩应为邻近色，色彩明度对比要更加明显，树木、水面用笔应放松、柔和一些，山石用笔要硬朗、干脆一些。

图3-11　树木、山石、水面的马克笔表现图

如图3-12所示，在树木、山石马克笔上色练习中，应注意墨线刻画要细致一些，将树木的枝干和树冠造型塑造得严谨一些，这样可以为马克笔上色打下好的基础。树木的色彩分为树叶和枝干两部分。其中，树叶的色彩一般为绿色，用马克笔不同型号的绿色可将树叶颜色分为深、灰、浅三类，用马克笔不同型号的灰色也可将山石颜色分为深、灰、浅三类，上色顺序均为先浅后深。

视频：马克笔搭配不同色彩的植物

扫描右侧二维码，观看视频可知，植物的颜色丰富多彩，可用不同颜色表现出植物的色彩多样性。可用马克笔（Touch）棕色系101号、103号、95号和91号表现黄色系的植物，用马克笔（Touch）红色系14号、5号和1号表现暖色系的植物。

图3-12　树木、山石线描与马克笔表现

　　如图3-13所示为植物场景马克笔表现，将植物分为近景和中景两部分。远景为天空，中景的道路、座椅与周边植物融为一体。首先用绿色系马克笔将植物统一着色，分出黑、白、灰色调，注意对近景植物应刻画得细致一些；然后用棕色系马克笔将道路、座椅和树穴上色，注意笔触退晕变化；最后用蓝色系马克笔将天空着色。

图3-13 马克笔植物场景步骤图

如图3-14所示，这幅作品用马克笔和彩色铅笔表现景观园林俯视场景，植物色调统一，笔触灵活自然。如图3-15所示，这幅马克笔作品的树木表现较为完整，植物、水面的明暗对比塑造较好。

图3-14 《拙政园》综合技法表现画

图3-15　《倚水闲居》马克笔技法表现画

第二节　景观环境山石的表现

　　在中国传统的古典园林中，山石的形态与组合方式营造出了妙趣横生的景观效果。在现代的建筑空间与环境设计中，石与水仍然是烘托氛围的重要手法。绘制山石，首先要分出形状上的块面，用明暗调子来梳理石块组合复杂的关系，这样就可以使它看起来并不凌乱。其次，线条的绘制要根据不同石材的质地与形状特性灵活运用，浑圆的石块笔触要柔和，见棱见角的石块用线短促而硬朗，这样才能恰当地表达出形态各异的石景。作画时还要注意与周边环境的结合，如石与水、石与花草树木、石与路面等，它们之间相互映衬，不要单一地表现石景的质感。例如，生长在石缝中的植物，部分石头被植物遮挡，在植物的缝隙中石头若隐若现（图3-16），处理时既能隐约看到整体的形态，又不能显得生硬。当植物与山石组合创造景观时，需要根据山石本身的特征和周边的地域环境，精心选择花草树木的品种、形态、高低，以及植被物种之间的搭配组合，使山石和植物融合到最自然、最美观的艺术效果，从而与建筑主体完美交织在一起。如图3-17～图3-21所示，山石与植物的结合不仅可以映衬建筑空间环境的氛围，还能营造出充满灵性的空间环境，使建筑空间环境更具有亲和力和艺术氛围，显示出建筑空间与环境的气势。

图3-16　山石钢笔速写　　　　　　　　图3-17　山石钢笔淡彩

图3-18　拙政园小景钢笔速写

图3-19　狮子林小景钢笔速写

图3-20 山石、叠泉墨线和马克笔表现

图3-21 《山村印象》钢笔表现画

　　叠石技法在画面布局上有其重要性。以大石间隔小石，或以小石间隔大石，是山水画传统的叠石技法。用大石与小石的穿插，易于分出前后层次。大石小石的安排位置，要求疏密相间，从轮廓线的曲折表达生动的气势。

　　叠泉是随着山石阶梯高低和山势起伏错落而产生的，阶梯小，水落差小；阶梯大，水落差大。因为水的落差不同，所以形成了叠泉的不同景观。绘制叠泉时，在落笔前应对叠泉的位置、高低、宽窄做认真安排，确定叠泉形态后再画。要先画石，再画水，最后上色。画叠泉要以山石之形而曲折多变，有松有紧，把握住大的动势，掌握叠泉方向，切忌雷同，水色要有区别，不可过分平均，如图3-22所示。

视频：山石、叠泉马克笔上色步骤

图3-22　《群山之筑》钢笔表现画

　　刚开始画山景的时候，往往容易把远山画得过于深暗。其实，只要与近景联系起来进行比较，远山大多是明亮的，远近的调子悬殊差异是比较明显的。远山的色调十分单纯概括，接近地面处过渡要柔和一些。

　　风景中的远山，处在天与地相交处。远山在风景构图中，虽然不会是主体物，但它常常可以体现空间感、衬托前景、丰富色彩，加强主题的表现，显示出远山形象的风貌和气势。如图3-23～图3-26所示，画面中重视远山线条的美感，增强了所绘景色的感染力，远山色彩与画面色调统一，且色彩的饱和度与对比度要弱一些。

图3-23 《城镇建筑》钢笔表现画

图3-24 《婺源乡村》水彩表现画

图3-25 《江南水乡》钢笔表现画

图3-26 《港珠澳大桥》综合技法表现画

第三节 景观环境水体的表现

（1）水色。水的颜色不是单一的，它主要受光线、环境和天色的影响而变化。在写生时，用色彩三大属性去观察水色与天色的关系。色彩的明度决定天色亮还是水色亮，色彩的色相判定天色冷还是水色冷；另外，还要注意天色和水色的纯度差异等。在水的静止或波动的状况下，其色彩会产生变化，波动的水色明度比水面平静时要暗。平静水面的远近水色，也具有不同的明度与冷暖，要根据水面的特点选择表现水色的笔法。如图3-27～图3-32所示，平静的水，主要用横向错落的笔法，色彩要柔和谐调；有波浪的水，根据水波纹的大小，用横向错落的长短笔触结合表现水的波动，色彩可采用渐变的方法；叠水的用笔要由上而下有连贯性，颜色要有深浅变化，注意要用留白做出高光效果。

图3-27 《南湖红船》综合技法表现画

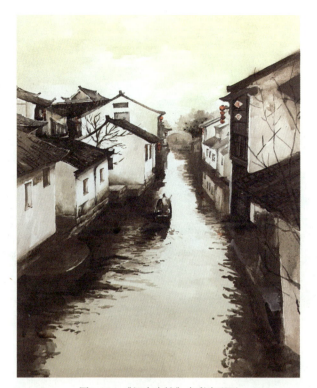

图3-28　《江南水镇》水彩表现画

图3-29　《小桥流水》水彩表现画

图3-30 《乡村小筑》综合技法表现画

图3-31 《城市美景》钢笔表现画

图3-32　《海上建筑》综合技法表现画

（2）倒影。倒影与实物既有联系又有区别。生动的水面是靠其上方悬浮物的倒影来表现的，画好水面倒影，会增添水面的美感。平静水面的倒影，笔法横直并用，自上而下的直向笔法，可以增强倒影的气势。如图3-33～图3-35所示，根据水面悬浮物的特征，用断线画出倒影概括单纯的形体，不必着眼于倒影的外形。水面有微波，形体拉长的倒影，要用横向笔法，根据实物和水的具体情况画倒影，色彩一般较单一或有不太明显的冷暖变化。水体的刻画尽量要用水面悬浮物和波浪来"衬托"出它的质感，因为水的形态千变万化，如江河湖海，其在水岸的部分由浅变深，或者用周围景物或水面悬浮物的倒影来衬托水面的形态。流动的水波纹、喷泉和海浪激起的水花，用浅色和留白刻画出水的立体感，表现出其动态特征。

图3-33　《古桥》综合技法表现画

图3-34　《城市之筑》综合技法表现画

图3-35　《小白楼音乐厅》综合技法表现画

第四节　作品赏析

　　扫描二维码，观看图3-36～图3-40，这几幅作品运用水彩和马克笔技法，表现以城市建筑为主题的场景，其构图和透视运用合理，造型严谨，色彩搭配协调，水倒影借助水面悬浮物，将建筑物、桥体和水面波纹刻画得较为生动。

　　扫描二维码，观看图3-41，在这幅作品中，建筑与水面的色调处理和谐统一，马克笔表现的水面倒影笔触自然流畅。

　　扫描二维码，观看图3-42，在这幅马克笔表现作品中，色调主要运用了灰白色系，水面倒影笔触处理得较为合理，水波纹质感刻画较好。

　　扫描二维码，观看图3-43，在这幅马克笔表现作品中，色调主要运用了冷色系，水面与植物的蓝绿色调搭配合理，与主雕塑的色调形成对比。水面倒影笔触处理得较为合理，水面质感刻画较好。

图3-36～图3-43

 **课后思考及作业**

　　1.植物山石与水体在建筑配景中主要起到烘托气氛的作用，因此画的"美"尤为重要，请思考：如何表现四季中的植物？在建筑空间环境设计中，如何将植物、山石与水体组合成最佳配角？

　　2.将植物山石与水体分项练习，同时搭配到建筑物的内外空间，要注意配景在建筑场景中的比例关系。

第四章 建筑物和部分配景表现

在建筑空间与景观环境设计中，建筑环境除作为主体建筑及各类样式的植被外，还有一种为固定的景观构筑物，它们尺度空间感并不是很大，大多与人或人群有直接的接触，多为一些休闲景观小品。如图4-1～图4-4所示，画面中各类亭子、花架、水景墙、雕塑等都统一把它们归为一类，称为小型构筑物。在绘制这类构筑物时，要侧重于表现造型特征与相互之间的比例关系，在色调组合中考虑邻近色与互补色的搭配，色彩渐变要注意笔法收放自如。

线笔　通过用线的角度和笔头的倾斜度，
　　　达到控制线条曲直、粗细的笔触效果。

排笔
（适合表现表面光洁的质感）

扫笔
（可增加建筑物的厚重感）

乱笔
（一般用于植物）

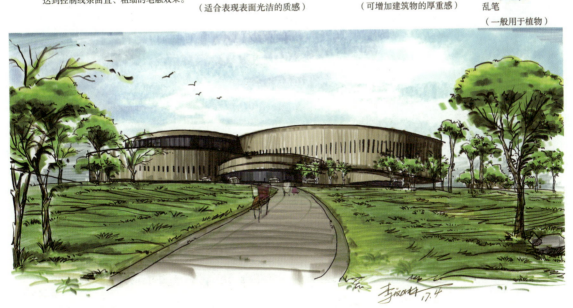

图4-1　《奥林匹克建筑》综合技法表现画

图4-2 《校园景观》综合技法表现画

图4-3 《校园广场》马克笔表现画

图4-4 《井冈山》综合技法表现画

　　建筑画面中的重点一定是主体建筑物，在构图中需放在中景的位置上，并且明暗、色彩对比鲜明，细节刻画到位，打造为视觉中心，在设计中是主要亮点。手绘表现时应注意以下几个方面：

　　（1）要表现建筑物在画面中的景深感，首先要着眼于大的整体造型的特点，突出其建筑造型的美感，部分琐碎的局部可以给予弱化或整合。从整体到局部进行分析，不能只盯局部如门窗、瓦墙等小构件，而忽视了建筑整体在环境中的大效果。

　　（2）在画建筑物时，表现出它的稳定感和庄重感很重要，处理好建筑与周围配景的比例关系，主次清晰，构图不能显得杂乱无序。很多建筑物的色彩具有地域风情，如中国古建筑及园林中的亭台楼阁，一般都是屋顶大、屋角翘、屋身小、木质结构的；色彩多采用中国传统五色体系，即红、黄、青、白、黑，主色调多为红、黑色调，具有古建筑物独特的美感。

（3）在表现建筑物形体和空间中，掌握透视原理至关重要。若透视出现问题，则比例会失真。一幅手绘作品首先映入眼帘的就是透视比例，一旦该比例出现问题，再精妙的笔触和色彩都是徒劳的。描绘地形有高差变化、蜿蜒曲折的老街巷和结构复杂的建筑物时，透视就显得更加重要。在后面的章节里会介绍透视的原理和绘制方法。

如图4-5所示，这幅作品线条自然流畅，笔触运用顿挫有序，明暗色调、色彩关系把握得较好。

图4-5　《北欧建筑》马克笔表现画

　　如图4-6所示，这幅作品中轴线构图完整，主体建筑造型用马克笔刻画得较好，玻璃质感表现较为真实。

图4-6　《欧式建筑》综合技法表现画

如图4-7所示，这幅作品主体建筑透视准确，刻画也比较细致，色彩搭配协调，运用写实性综合技法表现出浓烈的地域风情建筑特点。

图4-7 《城市洋楼》综合技法表现画

如图4-8所示，这幅作品表现的是某城市中心两处建筑场景，整体明暗色调把握较为统一，色彩主打暖色调，并运用建筑插画风格创作出春季里五大道生机盎然的氛围。

图4-8　《城市之春——五大道》综合技法表现画

如图4-9～图4-11所示，这三幅作品表现的是城市建筑场景，采用主体建筑物构图，平视视点，天空、植物、道路等配景予以补充，整体色调以暖色调为主，运用马克笔与彩色铅笔技法，创作出城市生机盎然的景色。

图4-9　《奥林匹克花园》综合技法表现画

图4-10 《钟楼》马克笔表现画

图4-11 《胡同小建筑》马克笔表现画

第二节　地面和墙面材质的表现方法

一、地面

　　在园林景观中设有不同宽度的园路，它不仅联系着景观内外交通，还与景观小品、植物和水景等融为一体。它可通过一定宽窄度的平面布置，以及随地形路面的高低起伏、材质、色彩变化和路面两侧植被配置来体现园林景观艺术氛围。园路的主干道宽度一般设置为4～6 m、次干道宽度一般设置为2～4 m、游步道宽度一般设置为1.2～2 m，小桥和汀步的造型各异。园路的地面材质也是品种繁多，常见的种类为木制和石材。木制大多为防腐木，石材分为麻面、釉面和抛光面，如花岗石地面、碎拼石材、鹅卵石、面包砖等。如图4-12～图4-14所示，这三幅作品中建筑场景采用石材地面铺装，透视比例较为准确，运用马克笔和勾线笔刻画地面勾缝，突出地面的景深感和深浅退晕变化。

图4-12　地面铺装线描与马克笔表现

图4-13 《校园建筑》马克笔表现画

图4-14 《校园风光》马克笔表现画

二、墙面

1. 墙砖、屋顶瓦片的画法

墙砖一般以水平缝来表现。如图4-15、图4-16所示，比例小的砖墙只画出水平缝即可，要注意砖缝的比例不要失真。受光面的砖缝可以留白处理或提亮处理，阴影部位则要横竖缝并举，这样可以表达暗面的明度关系和反射效果。墙砖一般可以处理为一片渐变灰色调，按照自然规律，建筑立面砖墙日景色调为上浅下深，夜景色调为下浅上深，目的是与周边环境融合，也衬托出前面配景中的人物和树木，这样的墙砖就不会显得呆板，也可前后之间互相衬托，增加景深感。

图4-15　建筑墙面表现

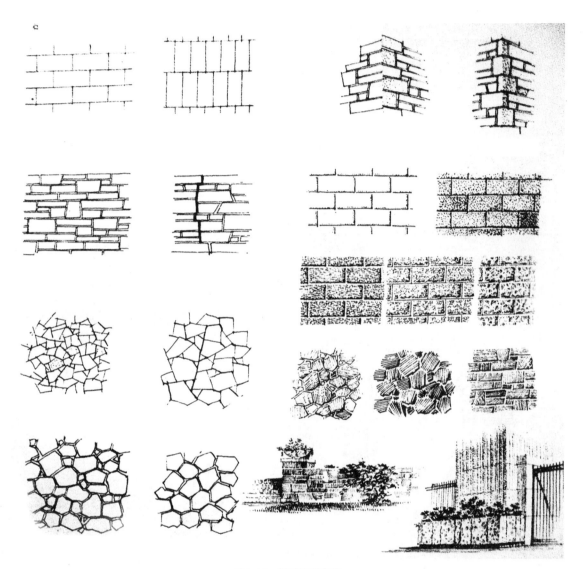

图4-16　材质肌理表现

　　如图4-17～图4-21所示，画面中将建筑物外墙面的石材肌理刻画得较为细腻，墙体浮雕的立体感刻画得较为生动，表现出建筑物的时代感。

图4-17　《欧式建筑》材质肌理表现

图4-18 《圆明园》钢笔画表现

图4-19 《庭院门楼》钢笔画表现

图4-20 《小庭院》钢笔画表现

图4-21 《绘城市》钢笔画表现

　　如图4-22～图4-24所示，画面中运用水彩技法将建筑物的风格特点表现得较为生动，构筑物装饰造型特点把握较好，材质肌理刻画得较为细腻，装饰浮雕的立体感刻画得较为生动。

图4-22　《中国古建细部》水彩表现画

图4-23　《哥特教堂局部》水彩表现画

图4-24 《北安桥局部》钢笔淡彩表现画

　　如图4-25～图4-31所示，画面中运用水彩和马克笔等技法将建筑物外立面材质表现得较为真实，墙面材质肌理刻画得较为细腻，突出建筑物的风格特点。

图4-25　《自然博物馆》马克笔表现画

图4-26　《教堂局部》钢笔淡彩表现画

图4-27　《街景》综合技法表现画

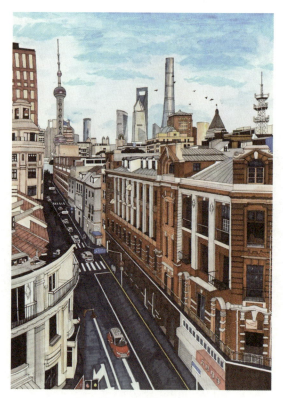

图4-28 《沪上街景》马克笔表现画

图4-29 《城市街景》马克笔表现画

图4-30　《古田会议旧址》马克笔表现画

图4-31　《中国共产党第五次全国代表大会会址纪念馆》马克笔表现画

  在传统建筑中，屋顶的表现既要反映出地域建筑特色，又要描绘出瓦片的肌理效果，要注意层次和结构特点，如图4-32～图4-42所示，在表现中运用线条的繁简变化、粗细对比和明暗色调，将建筑物的屋顶表现得错落有致、前后分明。古建筑的屋顶表现对于突出建筑特点尤为重要，分析屋顶材质的构造特点，既要表现出材质规律，又不能过于单调乏味，应注意虚实结合、疏密变化。

图4-32 建筑屋顶表现

图4-33 《耦园小景》钢笔表现画

图4-34 《环秀山庄小景》钢笔表现画

图4-35 传统建筑钢笔画表现

图4-36 《江南小镇》钢笔画表现

图4-37 《皖南抒怀》钢笔画表现

图4-38 《古寺》钢笔画表现

图4-39　《敦煌莫高窟》钢笔画表现

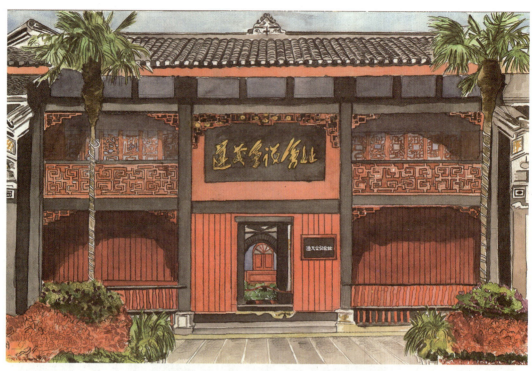

图4-40 《遵义会议会址》钢笔淡彩表现

图4-41 《南定城楼》钢笔淡彩表现

图4-42　《北欧小镇》钢笔淡彩表现

2. 木纹的画法

建筑场景中表现木纹既要有真实性又要富有变化，相邻的纹路彼此呼应，但纹路不可能交叉出现，肌理之间疏密有致。纹路的绘制一般不需要用密集而均匀分布的纹理，可采用疏密结合虚化远处的纹理，将其作为一定的装饰。木纹一般是很纤细的，所以运笔一定要清淡细腻，笔触轻，而且纹理的色彩要保持统一性。如图4-43所示，画面中将古建筑木柱子的质感表现得较为细致，突出了古建筑的特点。如图4-44所示，画面中前景的木竹筏与木杆表现得较为细致，将木纹的质感表达得较为深入，突出了古建筑民居的特色。如图4-45所示，运用中式木门框景的构图方法，其木装饰浮雕刻画得较为细腻，体现出中国古建筑的韵味。

图4-43　古建筑钢笔画表现

图4-44 《大丰收》钢笔画表现

图4-45 《北京天坛》综合技法表现

第三节　建筑景观其他配景的表现（人物、天空、交通设施）

一、人物

　　人物在画面中主要起到烘托作用，一般在建筑画中都需要用人物体现比例，如建筑、景观小品、公园、田野等，人物加强了生活气息，使人看了更为亲切。从一幅画的构图均衡性来看，人物可以与大片树林或建筑物等形成均衡空间的效果。一些主题人物还常常安排在画幅的重要位置，使画面增加活力与生动感。描绘人物首先应了解人体比例关系，应注意"站七坐五蹲三半"，是指以人的头部为一个单位，站时人物的身高为七个半头，坐时人物从头部到脚底的高度为五个头，蹲时人物高度为三个半头，这可以作为一个参考。

　　人物的绘制方法：既可以根据想象力来画某类人物或人群，这需要有丰富的积累；也可以依据照片素材来描绘，这是一个非常好的途径，根据画面需要做适当修改，形成二次创作。画人物应注意到人体比例、人群的疏密与透视关系。在绘制鸟瞰手绘图时，人物比例较小，一般只要绘制出正确的比例轮廓即可。在绘制建筑场景人物时，可将人物表现分为概括性、线描性和抽象性三种（图4-46～图4-50）。

图4-46　概括性人物表现

图4-47　线描性人物表现

图4-48　抽象性人物表现

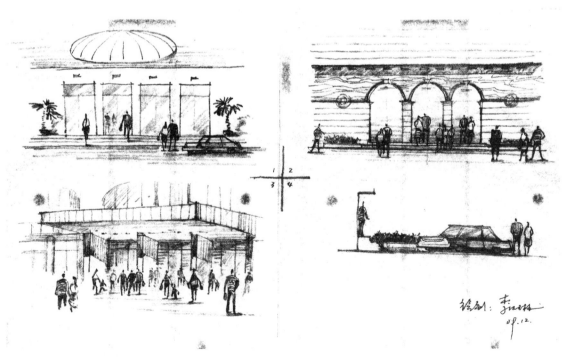

图4-49　抽象性人物场景表现

图4-50　《清西陵》抽象性人物场景表现画

　　如图4-51、图4-52所示，用厚画法塑造场景人物氛围，抽象性人物要注意比例特征、前后关系，写实性人物要注意细节动态与光影的刻画。

图4-51　厚画法人物表现

图4-52 《校园医护人员》综合技法表现画

如图4-53、图4-54所示，这两幅建筑场景透视准确、构图合理，建筑物材质表现真实，场景人物运用概括性的表现手法，突出建筑环境氛围。

图4-53 《街景》综合技法表现画

图4-54 《校园教学楼》综合技法表现画

二、天空

　　建筑画中天空所占的比重很大，天空的表现形式决定于画面整体效果和主题需要。但在一般情况下，天空不宜画得过于突出，这样容易失去景深效果。比较单纯的天色，可采取单色或两色调渐变渲染，使画面有色彩推移的效果，不要刷背景色式的平涂，以免导致画面效果呆板。

　　天空云彩的形状、色彩变化丰富，可根据画面需要设定云彩的形状和位置。云彩有动态与静态，有厚有薄，有远近透视，有平面立体等变化，画面下方的云彩往往细长且比较密集，上方的云彩会显得大片疏松。云的颜色大多比较明亮，也有色彩的不同倾向，画面靠下方的云，其色彩常常与远景相融合；朝霞与晚霞则是五彩缤纷、灿烂夺目。因此，云彩可以使人们产生不同的感受。云的边界不要处理得过实，色彩不要处理得过于饱和，也不要对比过于强烈，一定要时刻考虑其与环境的融合和景深效果。如图4-55～图4-57所示，天空云彩的表现可运用干画法或湿画法。干画法是运用叠加和覆盖的刻画方法，表现云彩厚重之感。湿画法则是运用半湿半干的底色一气呵成，是一种快速表现方法。

图4-55　天空干画法

图4-56　天空湿画法

图4-57　《城市之筑》综合技法表现画

　　如图4-58所示，这幅建筑水粉画，天空运用干画法，云和蓝天色调对比和谐，建筑造型刻画完整，颜色对比和谐自然。

图4-58 《长春第一汽车制造厂》水粉表现画

如图4-59所示，这幅《天津西站》整体色调对比和谐，主建筑造型塑造完整，天空采用马克笔技法，笔触流畅，线条顿挫有序。

图4-59 《天津西站》马克笔表现画

三、交通设施

　　手绘表现中的汽车造型可以由一个简单的长方体，经过"削减"渐渐地细画这个长方体来描绘出汽车的外形，这样能够更加容易地控制比例和透视关系（图4-60）。

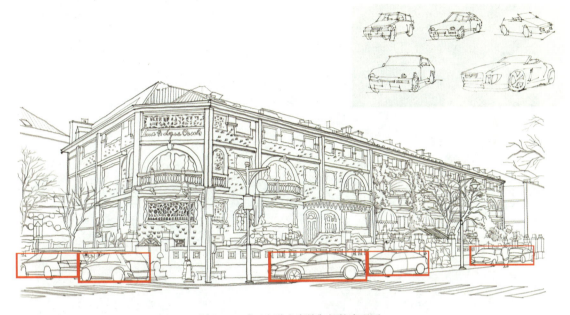

图4-60　《五大道疙瘩楼》钢笔表现画

　　如图4-61所示，这幅作品的视觉冲击力很强，以俯视视角展现出十字路口车辆与建筑物的比例关系，整体色调统一，笔触流畅，刻画细腻。

　　如图4-62～图4-64所示，这三幅作品以马克笔技法展现出繁华城市街景，分别以俯视视角和平视视角表现出人、车、树与建筑物的比例关系，整体色调对比和谐统一，用笔流畅，细节刻画到位。

　　前文分别讲述了植物、山石、水体、小型构筑物、建筑物、人物等画面主要元素的绘制。汽车作为配景用来丰富画面，也形成人、车、树的完整比例关系。画面中尽量加入人物、汽车、景观小品、人行天桥、标识牌、路灯、垃圾桶等元素，可以起到烘托气氛的作用，尤其是人行天桥在城市街景空间的表现中至关重要，它既可以是表现画配景的重要组成部分，又可以成为城市街区主体建筑景观要素。

图4-61 《十字路口》建筑与车辆比例关系

图4-62 《城市街景》人物与车辆比例关系

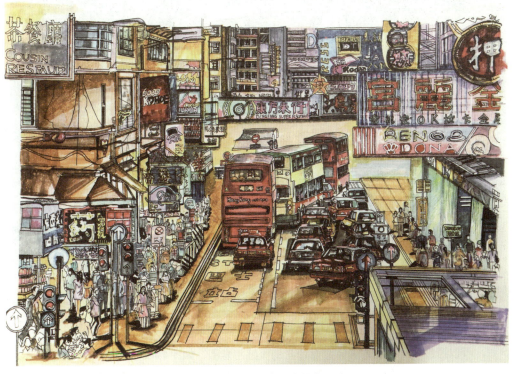

图4-63 《香港街景》马克笔表现画

图4-64 《小镇》综合技法表现画

　　例如，可以通过手绘表现方案体会设计者的灵感与意图，如图4-65～图4-67手绘步骤图所示，天桥无障碍设施除发挥其交通功能外，还为人们创造出多层次、多功能、多含义的社会公共空间。

图4-65　人行天桥设计线稿

图4-66　人行天桥马克笔上色

图4-67　人行天桥设计手绘完成稿

可将传统4～5 m宽的人行天桥，扩展为15～25 m宽的无障碍过街天桥平台，赋予天桥室外休闲、娱乐、观光、交往、交流、购物、餐饮等多种功能。同时，功能的复杂性带动了结构的多样性，这为天桥的无障碍设计增添了新的活力和新的魅力，成为城市空间新的拓展领域。

第四节 建筑物与配景综合表现步骤详解

在建筑物与配景综合表现技法中，马克笔手绘是一种比较实用的表现技法。其不仅能够表现出形体的造型结构和透视比例关系，而且具有颜色识别性强、上色快且易干等特点，因而成为设计师和专业设计类快题考试必会的一种设计思维手绘技法。马克笔分步骤讲解，能使大家了解马克笔技法每一步的关键点，可以跟着每个阶段去临摹范画，并完成一幅马克笔手绘作品。

一、铅笔线稿的绘制

在创作一幅表现画之前能否做到简而精，对景物的取舍是至关重要的。面对较复杂的建筑场景时，应注重精简的作画理念，用最简洁的线条去概括所要表现对象的主要特征。要做到这一点，关键是要把重点放在对象整体特征上，不要受局部细节的干扰。

在这一阶段，要思考在画面中如何通过造型、透视、构图等方法把对象表现出来，如何对客观场景进行取舍、提炼和概括；如何通过线条、明暗、光影等因素来组织画面。取景就是作画者根据主题场景所需的元素进行容景的过程。构图首先要选择透视角度，根据构思确定容景范围，并安排主要表现内容，再用线条表示景物的位置，画出景物的基本造型，尤其是主体的透视关系。构图一般用铅笔线条表现建筑景观的布局，在表现不同的场景元素时要运用不同的透视构图形式。视平线的位置决定画面的视觉角度，如视平线在画面的中间是平视构图，在画面的上方是俯视构图，在画面的下方是仰视构图。视平线在画面中位置的不同，会影响画面的整体效果。如图4-68所示，范图中的透视铅笔线稿为平视图。

绘制铅笔线稿应注意以下几点：

（1）首先选好角度确定所表达的主题，画出大的轮廓线，确定画面中各元素位置的比例关系。

（2）注意视平线的位置、消失点和建筑场景中各个元素的透视关系，运用透视学原理严谨地描绘出来。

（3）重点位置注意细部刻画，尤其是中景主体部分要调整好整体与局部的关系，在重点部位可加带一些明暗线条，突出空间关系。

图4-68 《三岔河口》透视铅笔线稿

二、墨线单色表现

在铅笔线稿完成之后就可以进入线描阶段，通过钢笔和针管笔自身笔触的变化，线条的疏密变化、粗细变化、长短变化和虚实变化，初步表现出画面的主次关系，拉大画面的空间关系，加强画面的明暗关系，用线条的变化表现出画面的空间感。在此过程中，要细致描绘主体建筑和配景，以便为后期上色做好充足准备。整个过程始终把握透视的原理，在构图比例的问题上绝不能有差错（图4-69）。

图4-69 《三岔河口》墨线稿

三、马克笔表现步骤

马克笔上色时应注意，尽量不要平涂，应用笔触做一些粗细渐变，使画面看起来不呆板；建筑或地面需要大面积平铺色调时，应利用马克笔笔法做一些颜色退晕，使画面透亮。下面我们了解一下马克笔的几种笔法。

如图4-70所示，A为由上至下的渐变顺序，注意排线时要紧凑，尽量不要留白，否则再去补空白处会出现颜色的叠加；B为由下至上的渐变顺序；C为由左至右的渐变顺序；D为由右至左的渐变顺序；E为由中间至两边的渐变顺序；F为由中间至左右的渐变顺序；G为扫笔，用笔头两侧分别点扫，注意下笔要快、均匀；H为画植物用的点绘，注意用笔要粗细长短结合，随意放松一些。

利用马克笔上色的具体过程如下：

（1）在图上逐步上色，一定要注意手绘上色技巧。其实马克笔的效果可以洒脱，可以秀丽，也可以稳重。有一定经验后还可以画得比较深入。上色的基本原则是按照由浅色到深色、由灰色到纯色的顺序来表现的。用笔不要追求太过漂亮的笔触，重要的是把握画面的整体关系，如明暗关系、冷暖关系、虚实关系等，这些关系才是主宰画面的灵魂。大自然的一切都受到环境的影响，并不是孤立存在的，画面的整体关系不对，只能说是颜色的堆砌，而不能称为一幅优秀的手绘效果图。

如图4-71所示，本幅范画首先对植物进行上色。植被和建筑物的关系最为密切，成为建筑物的主要配景。花草树木加强了建筑物与大自然的联系，可以起到柔化建筑物中过于人工化的线、面、体造型。对于建筑物来说，恰当的植物绿化比例可使画面更为生色。树木可以作为远景、中景或近景。需要注意的是植物形态不能过于重复，一定要造型各异，统一中有变化。

（2）为植物上好色后，接下来就是对主体建筑进行上色，注意建筑与植物之间的色彩明度和纯度起到互相衬托的作用。也可以通过植物或蓝天等环境色将主体建筑衬托出来，注意马克笔笔触的灵活运用（图4-72）。

图4-70　马克笔笔法归纳

图4-71　《三岔河口》马克笔植物上色

图4-72　《三岔河口》马克笔建筑物上色

（3）在刻画蓝天背景时，可以使用水粉、水彩等大笔触的湿画法，笔触不要过于明显，有变化但不要过多，尽量以清淡为主（图4-73）。自上而下，接着刻画水面。水面和天空画法很接近，以湿画法为主。注意区别蓝天和水面的颜色，用颜色渐变寻找变化，局部可做留白处理，有时也可以用高光笔或白色水粉提亮（图4-74）。

图4-73　《三岔河口》天空表现

图4-74　《三岔河口》水面表现

　　建筑配景是十分重要的，画面中的树木、人物等配景起着装饰、烘托主体建筑物的作用。在它们的映掩下，使较为理性的建筑物避免了枯燥乏味的机械感，而显得生机勃勃、丰富多彩。

　　（4）画面整理收尾。画面整理阶段——包括色调调整、空间层次，尤其是对画面的色调统一和环境色的变化协调处理。这个阶段主要是对画面的局部进行调整，达到统一中求变化，运用环境色、固有色和光源色深入刻画主体建筑的构造与细节，处理周边环境与主体建筑之间的主次关系，突出画面主体的质感。通过使用对比的表现手法，突出画面的主体，达到统一中求变化。在这一阶段可以借助彩色铅笔，作为对画面局部细节的补充。

总体来说，整理画面就是将画面的黑、白、灰色调再梳理一下，由局部回归整体；将明度不够深的造型暗面再局部加深，需要点高光的部分进行提亮；对主要区域的笔触进行精心布置。因为笔触也可以体现手绘能力，成为画面的看点。调整的作用主要是提升画面的艺术效果，解决画面中主体与配景搭配是否和谐，以及明暗关系、空间关系过渡是否自然的问题。在画面的调整阶段，通过对画面的细节处理和对画面主体结构的细致描绘，作画者可逐渐养成把控画面整体效果的良好习惯，提高作品的艺术表现力（图4-75）。

图4-75　《三岔河口》整理收尾

如图4-76、图4-77所示，从局部放大图中可看到建筑物退晕效果和水面倒影变化。

图4-76　局部细节1　　　　　　　　　　图4-77　局部细节2

第五节　作品赏析

　　扫描二维码，观看图4-78，这幅作品表现的是古文化街春节场景，画面中的建筑和配景造型刻画风格严谨，场景氛围表现得较好，不足之处是马克笔笔触处理可再灵活一些。

　　扫描二维码，观看图4-79，这幅马克笔作品笔触运用流畅自然，透视准确，建筑色调统一，不足之处是植物的表现应再整体一些。

　　扫描二维码，观看图4-80，这幅作品运用马克笔与水彩综合技法表现校园建筑场景，笔触运用细腻，比例透视准确，风格较为写实。

　　扫描二维码，观看图4-81～图4-83，这三幅作品运用马克笔、水彩与彩色铅笔综合技法，表现城市建筑景观，各类配景与主建筑的比例透视关系准确，色彩运用协调统一，不同技法互为补充，画面效果较为生动。

　　优秀的作品都是凝聚作画者个性思维方式和敏锐观察角度的有机结合，这些作品中汇聚了丰富的实践经验和艺术理论素养。通过对优秀作品进行赏鉴能开阔眼界、激发创作灵感、提升绘画技法。

图4-78～图4-83

 课后思考及作业

　　1. 建筑配景在建筑设计中起到限定比例和烘托气氛的作用，建筑场景中选择哪种配景是由建筑体量和类型所决定的，请思考如何将配景合理运用到不同的建筑场景中。

　　2. 将人物、植物、山石、水体、天空、车辆、道路等配景分项练习，同时搭配不同类型的建筑物，要注意配景在建筑场景中的比例关系。

　　3. 我们平时外出写生，要善于观察周围的景物，请思考如何从纷繁复杂的现实生活中取景和构图，运用马克笔表现技法创作完成一幅写实性建筑表现画。

第五章　建筑空间与环境的透视原理和构图表现

要想画好一幅优秀的手绘作品，需要灵活运用建筑美术的三种透视原理及技巧，进行构图和创作。

第一节　建筑空间与环境的透视原理

透视原理是建筑空间与环境设计表现过程中必须掌握的基础绘图知识。在建筑与景观手绘表现作品中，透视比例是否准确直接影响到一幅作品的质量。所以，透视原理是绘画专业和艺术设计人员必须掌握的基础知识，要想准确地把握透视关系，除要熟练掌握透视规律外，还需要进行长期的速写练习。

一、透视的基本原理

我们在现实生活中看到的各种物体，由于距离远近、方位不同，会在视觉上引起不同的反映，这种现象就是透视。透视图就是根据透视法则进行绘画和表现的效果图，其成像原理与人的眼睛或摄像机镜头原理相同。透视效果图的主要表现形式为画面物体的近大远小、近高远低的视觉自然现象。

透视现象是由于景物与观察者之间的不同距离而形成的。物体透视的产生是由于景物反射到人眼内的光线通过画面时，与画面有许多交点，把这些交点连接起来就形成了透视图（图5-1）。

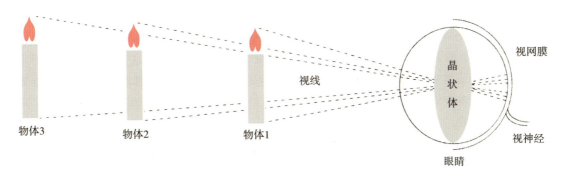

图5-1　透视现象

二、基本原理在实际生活中的体现

1. 近大远小

当相同的物体由近到远一字排列时，其物象就是近大远小。近大远小属于一种普遍现象，在我们生活中，只要稍加留意就会很明显地看到，如火车的轨道宽度等。

2. 近高远低

当一组高度相同、间距相同的物体，沿地平线直线排列时，每个物体的最高点和最低点把光线反射到人眼中，其最高点连线和最低点连线形成一定的夹角，处于近处的物体与眼睛所形成的夹角一定大于处于远处物体与眼睛所形成的夹角，这就是近高远低（眼睛处于同一位置进行比较）。图5-2所示为一幅景观手绘表现画，图中的红色标记线是透视线，两根透视线消失于一个灭点（又称为消失点），实际就是近大远小，如道路两侧行道树和路灯杆等。

图5-2　《枣园——彭德怀旧居》综合技法表现画

3. 近景清晰、远景模糊——空气透视法

由于空气的阻隔，空气中稀薄的杂质造成物体距离越远，看上去造型越模糊，所谓"远人无目，远水无波"，原因就在于此，近实远虚也是这个道理。如图5-3所示，这幅作品创作出具有地域风情的建筑群，运用空气透视法将清晨云雾缭绕的群山、高低错落的建筑群表现出生动的景深感，局部建筑结构刻画细腻，画面光线的塑造较好，增强了建筑物的立体感，冷暖色调对比鲜明，马克笔与水彩结合较好。

图5-3 《晨光》综合技法表现画

如图5-4、图5-5所示，这两幅作品的主题立意很新颖，体现出医护人员的敬业精神，近景的医护人员刻画细致到位，远景的建筑环境处理得很有景深感，将近实远虚的关系把握得恰到好处，人物、车辆与树木的比例关系刻画准确生动。

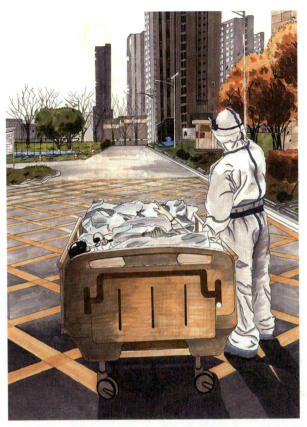

图5-4　《白衣天使》综合技法表现

图5-5　《校园抗疫》综合技法表现

三、透视的基本术语

（1）地平面（基面）。地平面（基面）为观察者所站的水平面，透视学中假设作为基准的水平面，其永远都是保持水平状态（图5-6）。

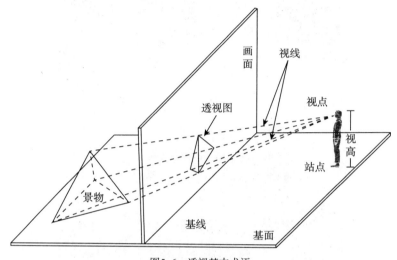

图5-6 透视基本术语

（2）景物。景物为形成图像的对象。

（3）视点。视点是人的眼睛或摄像机定位到的空间位置。

（4）视高。视高是从视点到基面的垂直距离（一般是人眼距地面的高度）。

（5）画面。画面是透视学中把立体形象描绘在平面上时，虚拟一块处于人眼注视方向的透明板，通常在画面紧靠景物的位置，有助于绘制透视图。

（6）视平线。视平线包含视点且平行于基面的平面与画面的交线，也称基线。

（7）消失点。消失点是指与画面不平行的线段经过延长，逐渐向远方延伸，越远越靠拢，最后集中消失于地平线上的一个点，也称为灭点（图5-7～图5-9）。

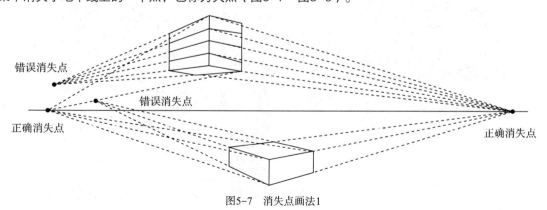

图5-7 消失点画法1

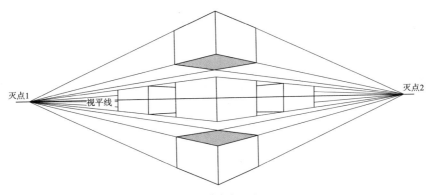

图5-8　消失点画法2

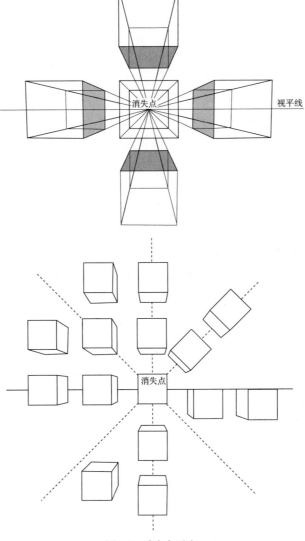

图5-9　消失点画法3

第二节　建筑空间与环境的透视分类

一、透视图的分类

（1）一点透视。以正方体为例，当画面与正方体的任意一个面平行，而且其他面与平行面只有一个灭点（消失点）时所产生的透视现象叫作一点透视，也称为平行透视。这种透视为建筑画常用的表达形式，对初学者较为实用。

（2）两点透视。以长方体为例，当长方体的任何一个面与画面成一定角度时，各个面的所有平行线向两个方向消失在视平线上，产生两个消失点的透视现象叫作两点透视，也称为成角透视。这种透视在建筑场景表达过程中能使构图变化丰富，增加画面的节奏变化与韵律。

（3）三点透视。以正方体为例，凡是正方体的所有边线与基面、画面两者都成一定角度时形成的透视现象叫作三点透视，也称为倾斜透视。这种透视在画面中有三个透视消失点。三点透视作品具有较强的空间景深感。

大家对透视的概念并不陌生，但对透视的类型，以及各类透视的形式特征认识的并不清晰，因此绘图存在透视隐患。下面对透视的常用类型进行深入的认识。通常，立方体是解释透视的最好工具。

二、一点透视的绘制技巧和方法

作画者进行平视观察时，若所观察的立方体有一个面与画面平行，则所有变线最后都相交在一个消失点。一点透视是最基本的建筑与环境透视表现技法，这种透视表现范围广、纵深感强，适合表现庄重、严肃、稳定、宁静的空间效果。如图5-10、图5-11所示，正对作画者时，此立方体其他位置的结构将形成集中到视平线上某一点的透视效果（有人也称其为平视现象）。

一点透视可以理解为"两平一斜"，即两组边互为平行关系，一组边为透视关系，向灭点方向消失。如图5-12所示，画面中蓝色线为视平线，两组黄色线互为平行关系，一组红色线向中间灭点消失，形成透视关系。

如图5-13所示，这幅作品很好地展示了一点透视效果，其中心点就是消失点，两边的建筑物与水面同时消失在一个灭点，透视空间感强。同时，结合水彩与水粉的表现技法，建筑造型刻画得较为生动，色调协调统一。当绘制不规则物体时，可以用透视联想法，为对象穿上一件立方体或长方体的透明外衣，借助外衣作为简单明了的透视框架来绘制物体会更为清晰、准确，更加轻松。

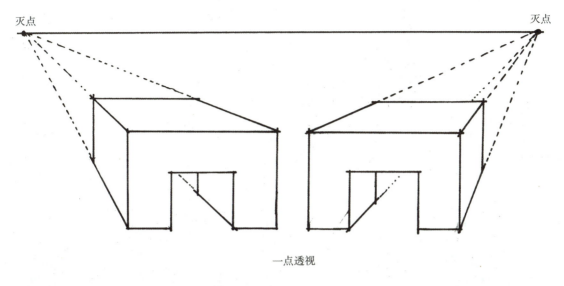

一点透视

图5-10 抽象体块一点透视画法

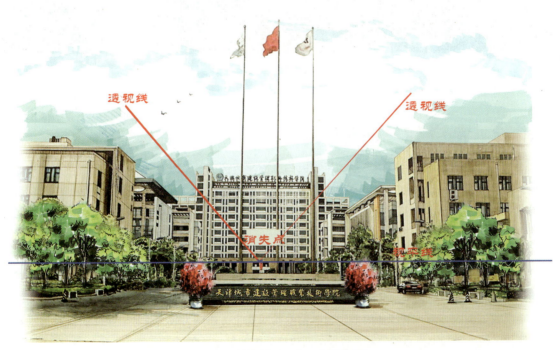

图5-11 《校园主入口》一点透视画法

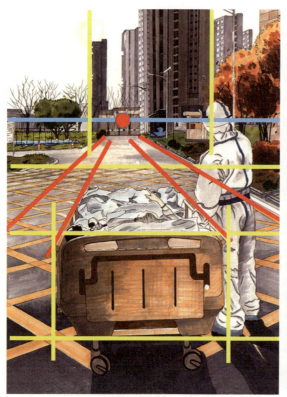

图5-12 "两平一斜"一点透视画法

图5-13 《水乡威尼斯》综合技法表现画

三、两点透视的绘制技巧和方法

作画者站点略微向左右两侧移动，平视时与画面平视的面就会发生变化，这时就会增加一个消失点，最终形成两个消失点，这就是两点透视与一点透视的区别。在一些较复杂的场景中，仅仅用一点透视的方法不足以完整地表达各种复杂的空间关系，两点透视弥补了一点透视构图呆板不够灵活的缺点。

下面通过两幅图来理解两点透视的概念。

如图5-14所示，可以看出这种类型的透视现象存在两个消失点，且立方体的两组直立面都不与画面平行，而形成一定夹角，这种透视称为两点透视或成角透视。

在视域范围内，两点透视能够表现出丰富的构图变化，表现力较为生动、灵活，这种透视需要正确选择透视角度和消失点的位置，否则画面边缘处很容易出现变形。

如图5-15所示，为了透视合理，两个消失点的位置会出现在画面以外，这就需要作画者根据构图灵活掌握。两点透视是构图中运用最多的一种，它能够活跃画面的气氛，打破一点透视中的单调格局。

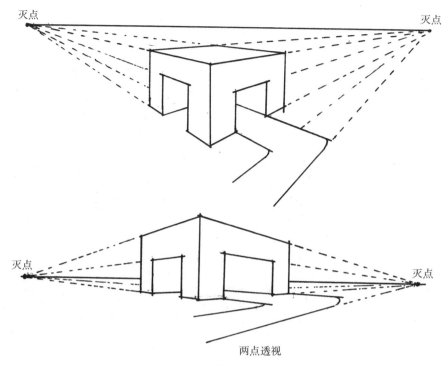

两点透视

图5-14 抽象体块两点透视画法

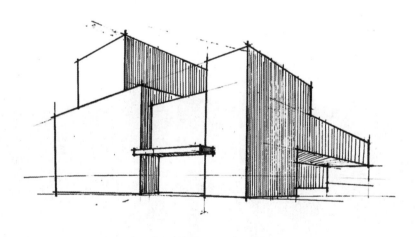

图5-15 两点透视抽象体块

如图5-16所示，用蓝色线表示视平线，红色线及箭头标记表示透视线，红色点表示消失点，其中一个消失点在画面外。

两点透视可以理解为"两斜一平"，即两组边为透视关系，向灭点方向消失；一组边为平行关系。如图5-17所示，画面中蓝色线为视平线；两组红色线为透视关系，向灭点方向消失；一组黄色线相互平行，形成透视关系。

图5-16 两点透视运用

图5-17 "两斜一平"两点透视画法

四、三点透视的绘制技巧和方法

三点透视是相对较为复杂的一种透视现象。它包含前面两种透视现象的特质，同时又有很大的扩展，也可以说三点透视是一种"特殊的成角透视"。

从比较通俗的角度讲，三点透视又称为"斜角透视"，是指立方体的三条主向轮廓线均与画面成一定角度，这样三组线在画面上就形成了三个灭点，即在两点透视的基础上，所有垂直于地平线的纵线的延伸线都汇集在一起，形成第三个灭点（天点或地点），这样就构成了三点透视（图5-18、图5-19）。

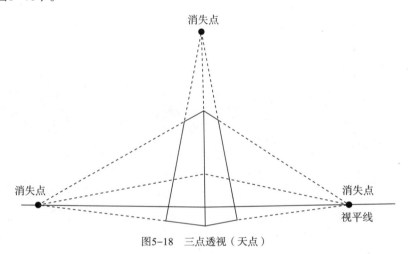

图5-18　三点透视（天点）

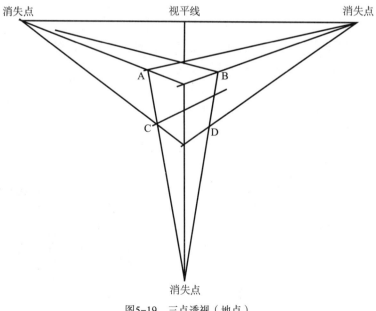

图5-19　三点透视（地点）

　　如图5-20所示，这幅作品构图采用三点透视，突出建筑物的历史底蕴，有一定的视觉冲击力，马克笔用色娴熟，色调过渡自然流畅，冷暖对比协调，天空运用水彩渲染光感很强。

图5-20　　《南昌八一起义纪念馆》综合技法表现画

　　三点透视之所以特殊是因为其第三个消失点的存在。通常，只有在特殊的大仰视和大俯视角度才能形成较为明显的"第三空间感"，也可以称为成角俯视、成角仰视。

　　如图5-21所示，建筑中所有的垂线段与上方的天点相交，形成第三个消失点，从而增强了画面的视觉冲击力。

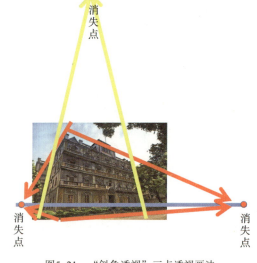

图5-21　　"斜角透视"三点透视画法

如图5-22所示，这幅室内作品采用三点透视，构图具有创意性。马克笔色调统一，笔法灵活自然，线条顿挫有序。

图5-22　《住与行》马克笔表现画

如图5-23所示，这幅夜景作品采用三点透视的成角仰视构图，运用水彩渲染将夜景天空处理得很透亮，尤其用牙刷刷出星空效果，将"武汉加油"的灯光氛围衬托出来。

图5-23 《武汉加油》综合技法表现画

　　三点透视能较好地体现出建筑物的高大空间感，具有很强的视觉冲击力和夸张性。建筑物本身立面没有倾斜面，都是与地面垂直的，但由于观察时距离较近，而物体或场景范围特别巨大，此时垂直的物体也产生了倾斜的视觉效果，如高层建筑、纪念塔等。

第三节　建筑空间与环境的构图表现

一、取景构图的基本概念

　　"场景"相对视野比较大，是构图中较难攻克的课题，绘制的内容多而复杂，因此务必在开始"构图"前把握以下几个要点：

（1）"归纳提炼"——优化画面的内容要素。一幅好的作品，并不是画的东西越多越好，而是要把场景中的要素归纳提炼出来，将"亮点"要素留在画面中，要"取其精华，去其糟粕"。

（2）"虚实关系"——在画面构图中经常出现"详"与"略"、"远"与"近"、"主"与"次"的要素对比，处理好这些虚实关系，就能在构图中更好地吸引人们的注意力。如图5-24所示，这幅作品中景与近景刻画得较为具体，远景处理较弱，虚实关系把握得较好；作品主要突出建筑物的造型，周围的植物进行弱化处理，以达到主次分明的效果，运用水彩和马克笔技法，建筑色调表现较为统一。

图5-24　《海河建筑》综合技法表现画

（3）"融合"——当具备扎实的技法表现功底后，在作品中充分"融入"自我的感情意识才是最终的境界，也是形成个性化风格的阶段。 就如同一位舞蹈家，要带有丰富的情感将舞蹈呈现给观众。

"构图"在国画中称为"章法"或"布局"，建筑画构图是指把主体建筑或景观构筑物、景观小品、配景等要素安排在画面当中并取得最佳的布局方法，是展现形象全部方式的总和。这个术语中包含着一个基本而概括的意义，即把构成局部的要素统一起来，在有限的空间或平面中对作画者所表现的形象进行组织，形成画面的特定结构。

构图可以理解为画面的结构处理，是把很多物象画面中的要素进行合理的整合。在建筑空间与环境手绘表现过程中，要按照构图规律分别展示中景、近景和远景，并训练自己的构图感觉。在作品表达过程中，合理运用构图中的对称、均衡、节奏、对比、变化、统一等形式美的法则，能够提高我们的艺术审美能力。建筑空间与环境构图训练可采用小场景练习方法：在建筑与景观写生练习中可以进行实地小场景构图，也可以快速记录作画者对建筑空间与环境的直观感受，再根据场景照片进行构图训练，同样可以激发作画者的绘画创造灵感，帮助其更加准确地表达建筑空间与环境艺术作品。构图主要解决画面的中景、近景和远景的位置、比例及虚实关系。中景通常为画面的主体，是画面的重点描绘对象，也是构图中首先要考虑的容景空间；远景和近景一般配景元素较多，围绕中景进行构图，其目的是增强中景的景深感。

我们平时应多进行建筑风景构图速写，画幅为A4、A3均可，铅笔、炭笔、钢笔等工具不限，每幅画的时间控制在半小时以内即可。手绘速写应以线条为主，也可以配合一些明暗色调。构图速写的意图是为了提高归纳容景元素的能力。初学建筑景观手绘的学生如果感觉取景构图有难度，可以制作一个取景框进行构图练习。借助取景框构图可以限定画面的近景和中景的范围，使作画者更容易控制中景的位置，其视线、视域范围更加集中，中景主体部分更为清晰，对初学者是行之有效的方法。如图5-25所示，画面两侧的植物形成构图框景的效果，也增强了主体建筑的景深感。

图5-25 《中央大礼堂旧址》综合技法表现画

二、景观手绘速写的构图形式

1. 水平式横构图

水平式横构图适合表现视域较为开阔的场景，给人以平静和安逸的印象。

如图5-26所示，这幅作品为手绘板作品，采用水平构图，光感刻画较好，色调统一中有变化。

图5-26　《静园》手绘板表现画

如图5-27、图5-28所示，这两幅建筑场景表现采用水平式横构图，运用水粉、马克笔的特性将建筑刻画得很结实，色调把握较为统一，黑白色调刻画完整。

图5-27　《洛川会议纪念馆》综合技法表现画

图5-28 《意式风情街》马克笔表现画

2. 竖构图及方构图

竖构图适合表现有高大主体物的场景，画面给人以庄重、威严、挺拔的感受；方构图适合表现长、宽、高比例相等的建筑场景，构图中可运用黄金比例定位，画面中主体物表达要突出视觉凝聚力，给人以凝重、稳定的感觉。如图5-29所示，这张《俯瞰古文化街》采用竖构图，比例和谐统一，突出俯瞰场景的繁华氛围，黑、白、灰色调统一，线条流畅，材质肌理刻画得较为细腻。

如图5-30所示，这幅作品采用仰视竖构图，具有一定的视觉冲击力，画面空间结构处理准确，冷暖色调对比和谐。

如图5-31所示，这幅作品透视构图准确、完整，建筑色彩较为统一，形体塑造立体感强，注意虚实关系的处理。

图5-29 《俯瞰古文化街》钢笔表现画

图5-30　《大教堂室内》综合技法表现画

图5-31 《磨西古镇》水彩表现画

3. 三角形构图

三角形构图又称金字塔形构图，适合表现中景造型为上小下大的主体建筑。三角形构图给人稳定、均衡、自然的感觉。正三角形构图具有平稳、均衡、庄重的特点，长三角形构图给人高耸、飞跃、稳定之感。如图5-32所示的作品《马可波罗广场》，就是以主雕塑物为中心进行三角形构图的。

如图5-33所示，这幅作品用笔很利索，色彩很透亮，地面和水面的质感处理得较好，主体建筑的明暗关系应处理得更强烈一些。

图5-32　《马可波罗广场》马克笔表现画

图5-33　《别墅庭院》马克笔表现画

三、构图应考虑的韵律与节奏

在构图中，应考虑韵律与节奏的因素。建筑画构图中的韵律，常指构图中有组织的变化和有规律的重复，将这种变化与重复构成画面的韵律感，给人以节奏的美感。在建筑表现中，常用的构成要素有重复韵律、渐变韵律、起伏韵律、空间韵律等。

1. 重复韵律

重复韵律是在建筑空间构图中，一种或几种重复造型的连续运用和有组织的排列所产生的形式韵律感。例如，某火车站设计的柱距排列或连续造型组合排列，整个形体是由等距离的壁柱、玻璃窗和造型组成的重复韵律，增强了整个空间的韵律感。

2. 渐变韵律

渐变韵律的构图特点是将某些元素造型，如形状的体量大小、色调冷暖、颜色浓淡、质感粗细、轻重等，用有序的方法进行增减，形成统一和谐的韵律感。如图5-34、图5-35所示为我国古代塔身的变化，密檐式塔就是运用近似造型层檐部与塔身的重复及变化形成的渐变韵律，使人感到既和谐统一又变化巧妙。例如，欧式建筑中的室内墙面造型采用券廊韵律构成手法，顶部圆拱的曲线富于变化，其中用连续近似构成的元素进行渐变韵律，给人以古典韵律之美。

图5-34 《塔楼——密檐式》马克笔表现画

图5-35　《古城塔楼》综合技法表现

3. 起伏韵律

起伏韵律虽然也是将某些元素部分形成有规律的增减，使其富有韵律感，但是它与渐变韵律有所区别。在造型处理中，起伏韵律更加强调某一元素的变化，使造型组合或局部处理高低错落有致，起伏生动。如图5-36、图5-37所示，整个建筑外轮廓的弧线起伏变化，强化了古典建筑的特色及地域环境的氛围；其内部空间延续了外部弧线的造型特点，墙面结构与装饰物的连续券拱造型增添了空间的起伏韵律。

图5-36 《俄罗斯建筑物》建筑轮廓起伏变化

图5-37 欧式建筑室内场景

4. 空间韵律

空间韵律是指在建筑空间构图中，运用各种造型元素，如体量大小、空间虚实、局部疏密组合等手法，形成有规律的纵横交错、有序穿插的处理手法，以及一种空间韵律感。例如香港中银大厦，无论是空间布局、造型组合，都运用了空间韵律的手法，从而营造出丰富的空间效果。

如图5-38所示，这幅作品的构图采用了空间韵律手法，材质质感刻画较为真实，冷暖色调对比和谐，建筑明暗关系刻画得较为完整，马克笔笔触自然流畅，水彩与马克笔结合的效果较好。

图5-38 《福建土楼》综合技法表现画

如图5-39所示，这幅作品运用了空间韵律构图方法，有些装饰画的味道，较好地运用了色彩构成原理组织画面色彩搭配，画面明暗与色调关系较为统一。

图5-39　《色彩房子》水粉表现画

第四节　建筑空间与环境手绘表现方案实例

　　对于建筑空间与环境设计，笔者前期发表了相关作品，本节针对这些成果对居住环境空间设计理念、建筑与室内空间设计方案进行详细阐述。

一、环境空间设计理念

　　通过对居住环境空间设计理念的研究，阐述从设计构思到手绘方案表现的流程。前期笔者针对城市居住区环境的空间布局和空间设计方面存在的空间层次、可达性、坐息空间设计、步行空间设计及绿化空间设计等问题，应用老年心理学、生理学、环境设计等相关理论，提出了注重安全性及舒适性的设计原则，以及增加空间层次、结合绿化空间、细化空间设计等相应的设计方法。

　　根据居住区居民喜欢聚集的特点，坐息空间设计应以坐息设施为载体，分组布局，各组之间保持一定的距离。座椅的设计要考虑实用性和舒适性，其材质最好以木材为主，其高度适宜在30～45 cm，深度应保证在40～60 cm。座椅旁应为轮椅使用者留出足够的活动空间（直径至少1 500 mm的空间）。坐息空间的位置应尽量选择在有遮阴物并结合景观种植设计来考虑，周边的植物小品应该为座椅营造更多的亲密感，图5-40所示为坐息空间设计由意向方案到手绘表现方案的过程。

（a）

（b）

图5-40　坐息空间设计手绘表现
（a）坐息空间意向方案；（b）坐息空间手绘表现方案

图5-41所示为坐息空间与周边环境的组合方式。其中，a为独立单元，与道路明确分离，出入有自己的路径；b为道路中小空间的插入方式；c为道路转折处的停留地；d为道路顶端的曲线停留地，具有清晰的视野。座椅应该有阳光下和阴影下的选择，还应避免设计固定的桌椅组合，便于老年人灵活入座。

散步道、活动广场、健身场应平坦开阔，不设台阶和高差，特别是老年人散步的园路应考虑坡度的大小，尽量使其平缓且路型上呈连续状的曲线。锻炼活动设施要多样化，要满足各种年龄段的人群使用，同时要在其周围增加座椅以供体弱者随时休息。另外，器械的摆放位置尽量要与围墙上的爬藤类植物保持一定距离（1 500 mm以上），避免植物遮盖器械。步行空间应避免邻近主干道的车辆穿行其中，并且组织合理的步行路线。第一步运用一点透视原理，用铅笔将线稿准确起好，如图5-42所示。注意视平线高度为人视点，控制在人眼位置高度。

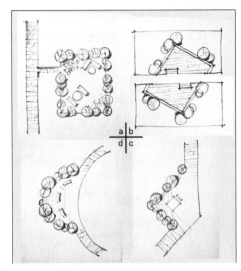

图5-41　坐息空间与周边环境的组合方式

图5-42　第一步　透视起稿

第二步使用针管笔将铅笔线稿仔细深化一遍，这个上墨线过程至关重要，需要将场景要素勾勒好，线条清晰硬朗，为之后的马克笔上色打下坚实基础，如图5-43所示。

图5-43　第二步　墨线稿

第三步马克笔上色，景观空间可以先从植物着手，注意颜色从浅入深画，笔触不要拘谨，植物选择三种或四种颜色上色即可；防腐木选择三种颜色上色即可，注意选择颜色时分出深、灰、浅的层次感，如图5-44、图5-45所示。

第四步细致刻画场景中的景观小品、座椅、配景等，可结合彩色铅笔进行深入刻画，注意画面整体效果，如图5-46所示。

城市居住环境空间应该针对老年人的生理、心理需求来进行布局和设计，这样才能为老年人创造出一个积极的生活环境，使他们与社会建立必要的联系，同时也能促进社会有序健康地发展。

图5-44　第三步　马克笔植物上色

图5-45　第四步　马克笔地面处理

图5-46　马克笔刻画完成

二、建筑环境与室内空间设计方案

（1）在城市社区建筑空间与环境改造项目中，笔者承担建筑环境与室内设计任务，将前期的设计构思通过手绘形式表现出来，也成为最终的方案成果。图5-47所示为社区老年活动中心建筑设计手绘稿步骤图。

图5-48、图5-49所示作品中展示了对社区老年活动中心室内空间的设计方案，其中包括社区老年人活动室和社区老年活动中心的室内设计方案。设计中通过适老化空间色彩、空间布局和无障碍设计等要素，展示出该建筑空间与环境的适老化特点。

图5-47　社区老年活动中心建筑设计手绘步骤图

图5-48　社区老年人活动室空间设计

图5-49　社区老年活动中心室内设计

（2）通过社区建筑空间与环境设计的前期构思方案和手绘表现方案的对比可以得出，一套完整的建筑空间与环境设计方案与手绘效果图表现息息相关。下面我们将对社区老年活动中心室内设计的手绘表现分步骤进行讲解。作为设计者应努力掌握好手绘技法，并根据项目方案特点灵活应用，能快速、准确、生动地把握设计任务中的要点，这也是手绘表现技法的优势所在。

第一步，运用室内透视原理，绘制透视网格线，注意视平线设置不宜过高，控制在1.5 m左右，视点（消失点）设置在偏左或偏右，如图5-50所示。

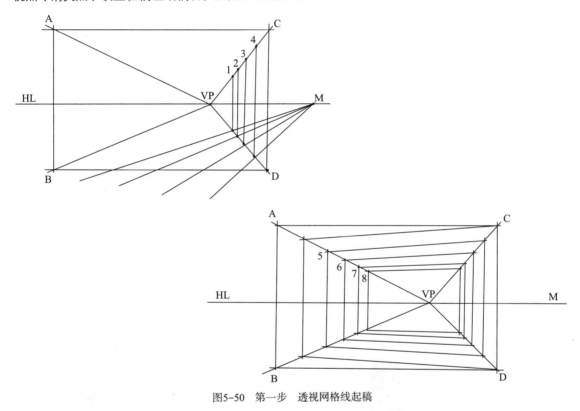

图5-50 第一步 透视网格线起稿

第二步，依据透视网格线将室内空间布局、家具陈设等用线稿画出，无论是尺规还是徒手，这一步不但要准确，而且细节要表现清晰，如图5-51所示。

第三步，马克笔上色，可以先从建筑构件画起，如柱子、地面、墙面等，在平铺时注意笔触的变化，要有深浅渐变效果，用笔果断利索，如图5-52所示。

第四步，对室内家具陈设和配饰进行刻画，注意与建筑构件色调区分开，注意把控画面整体效果，如图5-53所示。

图5-51　第二步　墨线稿

图5-52　第三步　马克笔上色

图5-53 第四步 深入刻画整理完成

第五节 作品赏析

扫描二维码，观看图5-54，这幅水彩写生表现作品，天空与建筑的色彩搭配协调，光影虚实效果刻画得较好，建筑的细节刻画还应加强。

扫描二维码，观看图5-55，这幅天津五大道《疙瘩楼》写生作品处理的整体感强，用水粉塑造的建筑很结实，色彩把握很准确；但建筑的细部刻画还需加强，地面需要有深浅虚实变化。

扫描二维码，观看图5-56、图5-57，这两幅作品有一些装饰画的味道，作画者运用马克笔和彩色铅笔的综合技法，将色彩关系表现得很有整体性，局部街巷与交通的空间穿插使构图错落有致，明暗虚实关系把握得较好，刻画较为细腻。

扫描二维码，观看图5-58，这幅作品建筑组群塑造的整体感强，对单体建筑的刻画也比较深入，马克笔色调搭配协调，笔触流畅自如；地面铺装处理可以虚化一些。

扫描二维码，观看图5-59，这幅画面整体景深感处理得很好，光线的明暗虚实关系刻画细腻，建筑和地面材质质感刻画真实，色彩的对比度把握得恰到好处。

扫描二维码，观看图5-60，这幅墨线作品黑、白、灰关系处理得当，用单色将建筑、地面的材质质感刻画得比较细腻，真实感较强。

图5-54~图5-60

 课后思考及作业

1.透视与构图对于建筑画的重要性毋庸置疑，学习者不能只停留在理论上，需要将其应用在设计表现之中，请思考如何将不同的透视与构图方法运用在建筑美术的创作之中。

2.收集不同角度的建筑场景照片，进行构图练习，要求运用透视与构图原理表现出俯视、平视与仰视的空间效果，要求透视与比例准确，构图有美感。

第六章 彩铅、水彩、水粉手绘表现

第一节 彩色铅笔手绘表现

一、彩色铅笔的分类

　　根据笔芯的不同，彩色铅笔（简称彩铅）可分为油性彩铅和水溶性彩铅。油性彩铅不溶于水，类似蜡笔；水溶性彩铅溶于水，类似水彩。

二、彩色铅笔的特点

　　由于彩色铅笔是固定的颜色，不能改变，因此可根据画面的需要不停地更换铅笔，通过颜色的穿插，在视觉上产生混色效果。这一点与马克笔一致。

　　彩色铅笔的笔触有较强的表现力。直线、斜线或按照某个方向变化性的排列，在画面中通过不同的笔法和力度能产生不同的笔触效果。

三、彩色铅笔纸张的选用

　　适合彩色铅笔的纸张很多，彩铅在不同纸张上的笔触效果也不尽相同。例如，在凹凸感强的水彩纸上，彩铅画出来的笔触较为粗犷；在绘图纸上表现出来的笔触却较为细腻，可根据实际需要选择纸张。普通彩铅采用一般的绘图纸、素描纸即可；水溶性彩铅画出的颜色浓度比较高，色彩亮丽，可选择水彩纸。由于水溶性彩铅用水来混色，需要裱纸，同时，它也具备彩铅和水彩的双重效果。

视频：裱纸的过程

裱纸的过程简述如下：

（1）找一个木质画板，并将画板用排笔洇湿。

（2）纸的背面用排笔刷上水，水不要过多，刷均匀即可。

（3）将刷好水的纸翻过来，正面朝上，然后准备水胶带。

（4）在水胶带背面刷上水使其具有黏性，然后分别用水胶带将纸的四周与画板固定好，注意贴的时候一定要严实，不要留有缝隙。

（5）将纸中间的气泡都推出去，纸面上尽量不要有明显的气泡，待干后纸面即平坦。

四、彩色铅笔的表现技法

（1）作画时应考虑线条的排列方式，不同的物体运用不同的线条表现。同种质地的物体建议使用统一笔法的线条，切忌没规律上下左右乱排线。

（2）作画时可根据实际情况，通过用力的轻重来控制颜色，由浅到深、由轻到重，以达到渐变的效果。

（3）交替使用画笔，丰富画面颜色。有些物体并不是单一的色调，需要多种颜色混合时，就必须交替使用不同颜色的彩铅作画。

（4）彩铅可覆盖，在控制色调时，对画面的色彩要有统筹考虑。铺大面积色调时，可以先统一用水彩上一遍底色或直接在色纸上表现。

彩铅也可与水彩结合，用色彩渲染出整体色调。彩铅具有与素描相同的笔触和可塑性，绘画时应注重虚实关系的处理和颜色叠加美感的表现。

第二节　水彩手绘表现

采用水彩湿画法的优势是天空、远景、水面、山体等都是借水彩渲染的技法来表现的，使画中景物自然地融合在一起，表现出那种微妙而苍茫烟润的氛围。如图6-1所示，天空采用湿画法，色彩渲染运用紫色到黄色的退晕渐变，与周围树木环境融为一体，水面的倒影也一气呵成，画面中自然景物的色彩和谐统一，表现出晚霞的色彩氛围。

水彩和水粉画的材料工具是可以通用的，所不同的是水彩颜料含一些胶质，透明性较强；而水粉含粉质较多，具有覆盖力，很多艺术工作者常常兼用两种颜料作画。

图6-1 《晚霞》水彩表现画

　　如图6-2～图6-7所示，这六幅水彩画运用建筑插画表现方法，用概括性墨线表现物体轮廓、结构与黑白灰色块的关系。在此基础上，将色彩三要素运用水彩分色块的方法进行填色（平铺、渐变）。

图6-2 《狗不理》水彩表现画

图6-3 《泥人张》水彩表现画

图6-4　《小白楼音乐厅》水彩表现画

图6-5　《海河沿岸》水彩表现画

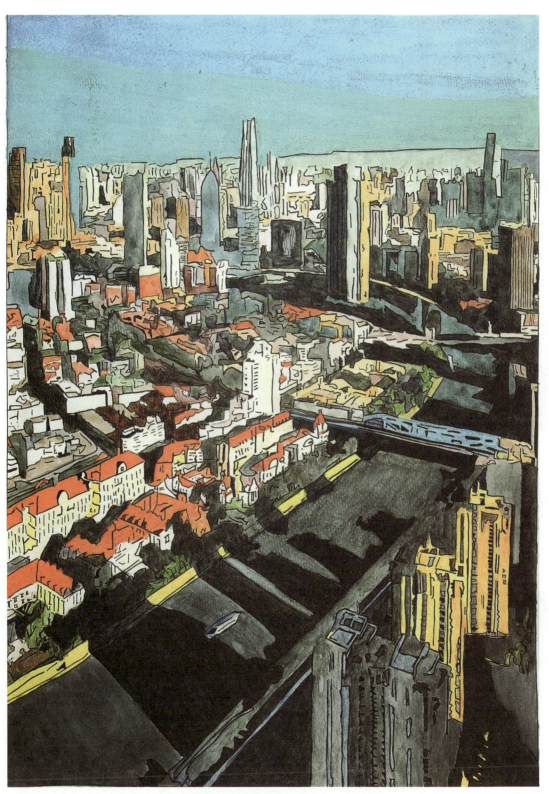

图6-6 《瞰美景》水彩表现画

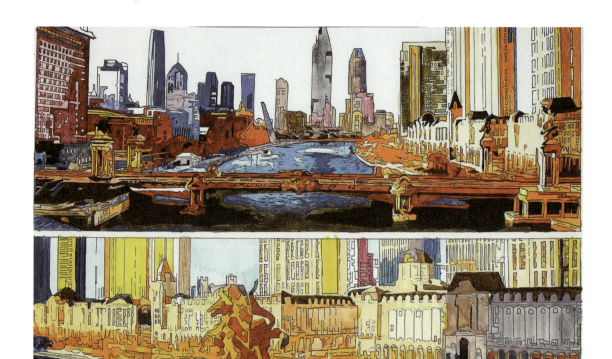

图6-7 《金汤桥》水彩表现画

第三节 水粉手绘表现

　　水粉颜料的覆盖性较强，因此水粉画一般会从画面最深的地方下笔，这一点是与马克笔技法不同的地方。水粉色可以一层层叠加覆盖。如果有足够的耐心也可以画到类似油画的效果，不过刚画上去的水粉颜料比较深，干后颜色会变浅一些。

　　水粉和水彩作画过程一般要分为四个阶段，即铅笔稿、铺色调、深入刻画、整理完成。在步骤顺序上，一般是从大面积的色彩或从画面主要形体开始着手，这对于确定一幅画面的整体色调、保持画面整体关系是有好处的。着色时要注意颜料特性，如画面上某一部分需要湿画法还是干画法等都要提前预判。

第一步为起稿铺底色，将水粉纸裱好，用浅灰黄色铺建筑立面底色，用浅灰蓝色铺天空背景的颜色，注意底色一定要薄，透出铅笔线稿（图6-8）。

第二步为铺大面积色调，将建筑物的整体色彩和退晕变化绘制出来，注意明暗面的冷暖色彩变化（图6-9）。

第三步为深入刻画，主要将建筑物和围墙的材质肌理效果刻画出来，注意材质纹理塑造要真实一些，包括勾缝提亮下笔要准确（图6-10）。

第四步为整理收尾，将建筑和围墙的整体关系再加强一下，主要围绕明暗关系进行提亮和加深，同时添加配景，包括近景的树木、中景的人物及远景的植物和天空。注意树木与人物的比例关系，尤其是不同高度的人物与建筑物的比例关系，近景的树木处理得明度深一些，远景的植物处理得浅一些、虚一些（图6-11）。

如图6-12所示，这幅写生作品构图整体性较好，村落和道路的色彩关系对比和谐，色调整体关系较好，远处村落和天空部分运用湿画法比较薄，近景和中景部分运用干画法刻画得较为深入。

图6-8 第一步 起稿铺底色

图6-9　第二步　铺大面积色调

图6-10　第三步　深入刻画

图6-11 第四步 整理收尾

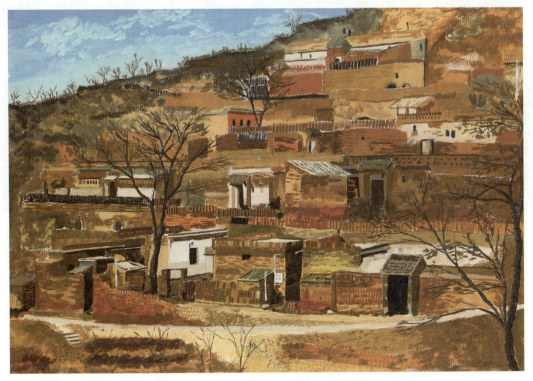

图6-12 《照金》水粉表现画

在水粉画中，干画法是颜料加水较少的画法，湿画法以薄涂为主，而所谓厚或薄，也都是相对而言的，要根据特定的造型和作画的主题灵活运用适合的表现技法。许多作画者经常将干、湿两种画法混合使用，干湿并呈，厚薄有致，有些地方用较多的水分加以渲染，有些地方则以色块覆盖，从而达到画面统一中有变化。除干、湿画法外，还有一种作画技巧就是留空法（又称留白法），是指画面中留出那些亮面部分和高光区域的方法。其中有的采用"飞白"的方法，即在作画用笔中有意地留出空白处；有的在上色前，在需要的部位用蜡或油画棒描绘出空白的地方；有的则在未干透的画面上用小刀或笔杆"刮"出所需的空白，如表现树干、玻璃、金属、浪花、须发的高光部分。以上这些方法的应用，只有通过不断尝试与练习，才能摸索出经验，从而达到理想的效果。如图6-13、图6-14所示作品，亮部处理干湿结合，运用留空法处理建筑环境受光面，同时运用刀刮法表现墙面陈旧的肌理效果，将画面场景刻画得栩栩如生。

图6-13 《城市晚霞》水粉风景画

水彩、水粉画的纸张，以质坚而紧、吸水适度、不渗化的白色纸张为宜，也可以用白卡纸、白板纸作画，但也有为了表现特定的环境，而采用色纸作画的。各种纸的纹理、厚度和特性不同，表现的效果也有所差异，可根据画面主题和个人作画爱好选用。

图6-14　《古巷》水粉画

常用的画笔有羊毫或狼毫制的扁平笔和圆笔两种，以有弹性而蓄水量多的为好。根据画幅尺寸采用适合的笔头。其他如调色盒、笔洗、画夹、画板、画架等工具，把握实用顺手的原则即可。调色盒用以盛装挤出的颜料，分格陈列，颜料应以黑白深浅和冷暖的秩序安放，一般次序是白、柠檬黄、中铬黄、土黄、橘黄、朱红、大红、深红、玫瑰红、赭石、熟褐、橄榄绿、草绿、群青、普蓝、青莲、黑。

喷笔能制造出十分细腻的整体色调渲染和均匀的线条效果。喷笔的艺术表现力惟妙惟肖，明暗层次过渡自然，色彩柔和。喷笔技法在高等艺术院校作为手绘制图的一种必修内容，成为艺术造型强有力的辅助技法工具。如图6-15所示，与其他作画工具相比，喷笔可以更均匀地喷涂颜料，可以更好地控制颜料的明暗和色彩过渡，一般用于绘制天空背景、水面、建筑整体立面等效果，需注意喷笔必须与气泵配合使用。

建筑空间与环境表现技法练习如下：

（1）需要准备的材料与工具：酒精性马克笔（Touch 80种颜色）、针管笔（笔头0.1 mm、0.3 mm、0.8 mm）、马克纸（绘图纸、水彩纸均可）、铅笔（2B）、橡皮、直尺、高光笔、彩色铅笔（48色）。

（2）绘制步骤：第一步铅笔、墨线起稿，注意构图合理、透视准确，如图6-16所示。

图6-15 《筑美》水粉风景画

图6-16 第一步 起稿

第二步马克笔上色，可以先从铺大色调开始，由浅入深，注意拉开颜色层次（图6-17）。

第三步深入刻画主体建筑部分，注意明暗关系、色彩对比要鲜明（图6-18）。

图6-17 第二步 马克笔上色

图6-18 第三步 深入刻画

　　建筑玻璃质感表现步骤：先铺色调，用马克笔Blue183号将玻璃底色铺好，再用Blue143号画出退晕效果，注意笔触粗细搭配。用Blue 69号刻画出玻璃的暗部色调，注意深色笔触要随着玻璃的形状而改变，玻璃的亮部要留白处理。天空表现可运用搓画法，先用马克笔182号将天空云的底色铺好，注意围绕着建筑物运笔，笔触为两头细中间略粗，然后用144号灰蓝色在铺好底色的基础上画出云的层次感。

　　第四步整理收尾，画面提亮加深，控制画面整体效果（图6-19）。

图6-19　第四步　整理收尾

　　提示：

　　1）天空的画法可用马克笔、水彩与彩铅结合。

　　2）画建筑、树木、玻璃等之前，先把同类型马克笔找好，然后按类型统一上色。例如，建筑选择马克笔（Touch）型号：Warm Grey 1号、Warm Grey 3号、Warm Grey 6号、Warm Grey 9号、Black 120号；植物选择马克笔（Touch）型号：Yellow Green 49号、Green Light 175号、Mit Green 56号、Mit Green 51号；玻璃选择马克笔（Touch）型号：Blue 183号、Blue 143号、Blue 69号；天空选择马克笔（Touch）型号：182号、144号。大家可以尝试一下这些马克笔颜色在场景中的组合效果，感受画面的整体性。

视频：建筑空间与环境表现技法练习

第四节 作品赏析

扫描二维码，观看图6-20，这幅街景作品用马克笔将场景气氛刻画得较好，店铺的商品描绘得很细致，线条自然流畅，虚实关系也把握得较好。

扫描二维码，观看图6-21，这幅作品的色彩对比和谐统一，俯视建筑组群塑造的整体感强，建筑单体的细节刻画也较好；水面的色彩变化可以再丰富一些。

扫描二维码，观看图6-22，这是一个武汉俯视场景，构图有一些国画的韵味，远近的虚实关系处理得较好，整体色调统一，远景的天空、建筑与水面融为一体，中景的黄鹤楼刻画细致。

扫描二维码，观看图6-23，这幅《楼间》写生作品场景构图很饱满，画面中生活气息塑造得较好，包括建筑立面材质质感刻画、地面铺装与倒影处理都较为真实。

扫描二维码，观看图6-24，这幅海河夜景桥面的灯光效果处理较好，金属质感与木质地面刻画细腻，冷暖色调对比和谐。

扫描二维码，观看图6-25，这幅十字路口的构图富有视觉冲击力，透视准确，建筑结构刻画细致到位，建筑与地面的色调对比协调。

扫描二维码，观看图6-26，这幅作品的构图很饱满，整体色彩把控较好，运用冷暖色调的鲜明对比将黑、白、灰关系处理得较为统一，画面光线的塑造较好，增强了建筑物的立体感，马克笔与水彩结合得较好。

扫描二维码，观看图6-27，这幅《碛口》写生作品虽然在细节处理上有待加强，但整体关系、色调把握控制得不错，构图完整，透视准确，天空和地面的处理可以再整体一些。

扫描二维码，观看图6-28，这幅作品的成功之处在于将建筑组群与桥面的色调对比关系控制得较好，暖色调突出的桥面与周围环境关系处理较好，水彩渲染与马克笔结合得恰到好处。

扫描二维码，观看图6-29，这幅作品以马克笔表现为主，画面整体感较好，天空、树木与建筑的色调搭配协调，光影效果刻画得较好；建筑的细节处理还需加强，地面注意深浅虚实关系。

扫描二维码，观看图6-30，这幅作品以水彩表现为主，画面整体感较好，夜景的光影效果刻画得较好，冷暖色调对比鲜明，表现出繁华的金汤桥夜景；不足之处是建筑的细节刻画处理还需加强。

扫描二维码，观看图6-31～图6-50，这些作品运用水彩、彩铅和马克笔综合技法，表现出城市建筑与环境的美景，画面构图合理，建筑造型准确，色彩的冷暖色调对比自然且统一，用笔利落，细节刻画比较到位。

通过对优秀建筑美术手绘作品的赏析，激发学习者对建筑美术表现技法的学习兴趣。学习临摹不同风格的建筑空间与环境手绘优秀作品，摸索形成自己风格的表现技法方式，掌握手绘表现各种技巧。在建筑空间与环境表现技法中重点关注建筑与环境主体、交通设施、景观小品、天空、地面、树木、山石、

图6-20～图6-50

人物等关系的表达，要做到技法精练，创造完整的表达意图。

在日常学习中，要制订系统的学习计划，结合自己的专业临摹建筑空间与环境手绘技法优秀案例，在不断学习中摸索适合自己的表现风格。从练习表现单体建筑、景观小品、配景元素开始，到群体建筑和规划场景的创作，循序渐进地对建筑空间与环境场景进行艺术表现。在建筑空间与环境表现技法过程中要严格把握建筑结构、空间形体的严谨性与尺度比例的准确性，学习作画步骤一定要严格规范，熟练掌握透视原理，同时要合理搭配色调，用适合的技法表现形式进行创作。

 **课后思考及作业**

1.建筑美术是运用综合表现技法塑造不同类型的建筑场景，运用概括性和写实性手法进行创作，请思考如何将不同的表现技法融合于一幅建筑画之中。

2.运用综合表现技法创作完成一幅写实性建筑表现画。

参考文献 References

［1］张微，徐博.建筑美术色彩［M］.北京：清华大学出版社，2022.

［2］王炼，陈志东.景观手绘表现技法［M］.南京：东南大学出版社，2019.

致 谢

　　本书的撰写始于2021年年初。当时我在天津城建大学建筑学院任教，由于在相关领域有一定的学术积累，才决定撰写此书。

　　这本书凝聚了无数个不眠之夜，前后经历了三年的时间，是我三尺讲台的一次总结。这里我要感谢高楠老师、万达老师、张媛老师，帮助我联系出版社和后期资料整理工作。我要感谢常成老师、顾素文老师、孙媛媛老师、于伟老师、王滢老师帮助我收集作品资料。我还要感谢杨兆康、李萌、李如心、胡雅琪、应一帆、阳蕊、刘晓玮、罗一凡、刘默禅、张蕾、王一帆、李炳楠、黄孟、赵洁、胡杰、邵恒、刘臣宇、马记东、石卉、肖荔、王学喆、张珂宇、陈茜文、吴倩、李志杰、舒俊、荣红、刘默禅、孙子琳、胡卓、黄思元、郑大欢、商旭东、杨晓威、叶鑫、于珈庆、赵凤焘、汤漾、齐冬晨、姜齐、郑瀚文、王凯宸、柳盈盈、武子健、韦婧靖、刘沁木、赖若琳、唐承艺、张思齐、乔佳钰、苏羿舟、霍一然、古雅竹、陈雅缘、黄嘉琪、李如心、吕丽康、林闵捷、王悦、张雪纯、黄婧娴、连子墨、周锦儒、丁佳鹏、苏晨宇、郭奕彤、逄苏、周羽桐、赵宇杰、贾雯倩、韩蕊、李春晓、冯映雪、段忻妍、杨馥瑜、董言、廖晨屹、金科、姚炳宇、郭婷慧、高加宁、张辛羽、刘嘉祺、李永前、张宇轩、郭婷慧、刘文斌、张可心、王维禹、罗贯一、郑青欣、吴泽华、王婕润、单丽颖、张文君、陈雨奇、杨欣澜、栾雨诺等同学，你们提供的部分作品资料使本书的内容得以拓展，有了大家共同努力，这本书才最终得以完成并出版。

李汉琳 副教授 / 硕士研究生导师

天津城建大学　建筑学院

2024年7月